かけがえのない家族を守る

動物病院との最高の付き合い方

こうご動物病院 院長
向後 亜希 著

ダイヤモンド社

はじめに

なぜ今、動物病院との付き合い方を知っておくべきなのか？

「もっと早くに先生の所に来れば良かった。そうすれば、このコはこんなことにならなかったのに」。

昼下がりの暖かい日差しが入る動物病院の診察室で、病気を抱え、最期の時を迎えつつある猫を抱いて、飼い主さんはそうつぶやきました。

飼い主さんの悲痛な思いが伝わってきます。

まだまだ、うちの病院で行っているような特殊な治療を知らない飼い主さんも多くいるのだ。このような想いをする飼い主さんが少しでも減るように、そしてしっかり納得がいく治療をして、心穏やかに最期の時が迎えられるようにしなければならない。

そう私は強く思いました。

現在、日本の犬の飼育頭数は約850万匹。猫の飼育頭数は約960万匹。

そして犬の平均寿命は14歳。猫の平均寿命は15歳。どちらも、ひと昔前に比べると延びてきています。

これはひとえに、犬や猫を家族の一員として考え、安全な室内で飼うことが増えたこと、また、かつては予防をしないで命を落としていたフィラリア症などの伝染病の予防を、しっかりとするようになったからだと思われます。

そして獣医療も進み、今までだったら救えない命が救えるようになってきていることも大きいです。それとともに、ひと昔前なら犬や猫が高齢になって病気が見付かった時に「もう年だから治療はいいです」と言っていた飼い主さんが、「治療ができるのであればこのコのためにお願いします」とおっしゃるようになってきたこともあるかと思います。

そういった飼い主さんの治療の要望に応えられるよう、高度な医療を提供する動物病院も増えてきています。

歯科専門、眼科専門などの専門性をうたった動物病院もあります。

また一方で、人の医療と同じく鍼灸治療や漢方などの東洋医学を行う病院もあるし、

Introduction

はじめに

西洋医学に東洋医学や代替医療などを組み合わせた、統合医療を行う動物病院もあります。

動物病院の数は2020年現在、全国で1万6096病院（農林水産省調べ）。年々、その数は増えています。そのため、都市部であれば歩いていける範囲にいくつか動物病院があることも珍しくはないし、飼い主さんは自由に動物病院を選ぶことができるようになってきているのが現状です。

家族の一員でもある、ペットの一生に関わるのが動物病院です。

しかしながら、大切なうちのコのためにどういった動物病院を選んだら良いかと、迷われる方も多いと思います。

この本ではそういった飼い主さんのために、動物病院の選び方や獣医さんとの付き合い方、高齢期を迎える前に準備しておくと良いこと、健康で長生きをするためにはどうしたら良いかなど、うちの病院で実際にあった事例も交えて伝えていきたいと思います。

動物病院との付き合い方一つで、そのコの一生が変わることだってあります。

この動物病院で診てもらって良かった。そう心から思える動物病院をあなたが選べるように、そして、あなたとあなたの大切な小さな家族がともに幸せに長い時を暮らせるように、そんな想いを持ってこの本を贈ります。

あなたがこの本を手に取ってくれたご縁に感謝いたします。

かけがえのない家族を守る

動物病院との最高の付き合い方

もくじ

キャロルとの再会、そして愛犬チェルとの出会い
卒業後の進路
働き出してから気付いたコト
キャロルの病気、発覚!!
派遣の獣医師
突然の展開。天国から地獄へ
動物病院開業の決意
病気を治すだけではない病院
開業準備に奔走する毎日
獅子の子落とし
理想的な物件との出会い
保証協会との面接へ
クリスマスの出来事
新しいスタッフと共に旅立ちの時

Chapter 1

かかりつけの動物病院の選び方、付き合い方

かかりつけの動物病院はありますか？

はじめまして。

こうご動物病院、院長の向後亜希です。

うちの病院は東京都多摩市にあります。多摩市は都心から電車で約40分。カブトムシが取れるような緑豊かで、昔ながらの自然も多く、また広い公園もあるため犬を飼っている方が多い地域です。

最寄り駅の多摩センターにはサンリオピューロランドもあり、休日には小さなお子さん連れの家族で賑わっています。

この多摩市に動物病院を開業して10年ほど経ちますが、うちの病院には市内やお隣の八王子市、町田市など都内だけでなく、埼玉、神奈川、山梨などの近県からも患者さんがいらっしゃいます。

なぜわざわざ遠く離れたうちの病院まで来るのか、それはうちの病院が他の病院とは違う、病気を治すだけではない動物病院、そして他の動物病院ではあまり行っていない治療をしている病院だからだと思います。

病院なのに病気を治すだけではない？

他の動物病院ではあまり行っていない治療？

ちょっと「？」があなたの頭の中にはあるかもしれませんね。後ほど一つずつそれらの内容をご紹介していくこととして、まずはあなたの大切な小さな家族のために、一般的な動物病院について、色々と知ってもらえたらと思います。

うちの病院は特殊な治療をしているので、その治療を求めて遠くから患者さんが来ることもよくあるのですが、そういう場合でも、その方の家の近くにはかかりつけの動物病院さんがあるのが一般的です。

都市部で歩いていける距離にいくつか動物病院がある場合、普通、そのうちのどこかをかかりつけの動物病院としているかと思います。

ところで、あなたはどうして、その病院をかかりつけの動物病院として選んだのでしょうか？

- 一番近い病院だから
- 遅くまで診察している病院だから

●先生が優しいから
●友達もその病院に行っているから
●新しい病院できれいだから
●前のコもお世話になっていて、信頼できる先生だから

色々な理由があって、あなたはその病院をかかりつけの動物病院として選んでいるのかもしれませんね。

いつも行っている病院はあるけど、うちのコは健康だからワクチン接種ぐらいでしか行かないし、かかりつけの動物病院という感じじゃないなぁ～という方もいるかもしれませんね。

確かに若い犬や猫であれば、病気になることも高齢のコに比べると少ないので、あまり病院に行くことはないかもしれません。

しかし、人と違い言葉を話さない犬や猫だからこそ、きちんとしたかかりつけの動物病院、かかりつけの獣医さんを見付けておくことが必要だと私は考えています。

人ならいつもと違う体調の異常があれば、自分でそれを感じて、病院へ行くでしょう。犬や猫の場合、病気があっても飼い主さんが気付きにくい場合も多々あります。

愛犬が年を取って歩くスピードがゆっくりになってきた場合、年を取っているから仕方がないかと思っていたら、実は関節炎があり、痛みがあって歩くスピードが遅くなっていることもありますし、心臓が悪くなり動きたくなくなった、という場合だってあります。

また最近、何だか水をよく飲むようだけど、暑いからかしら？　なんて思っていたら、実は糖尿病だったり、腎臓病だったりする場合もあります。大抵の方は食欲が落ちたり、元気がなかったりすると、どこか具合が悪いのかも？　と心配になって病院に連れて行くとは思いますが、病気の初期の場合、異常が出ていたとしても飼い主さんが気付くことなく見過ごしてしまうことも多いのです。そして飼い主さんが目に見えておかしいと思って病院に連れて行った頃には、時すでに遅し、だいぶ病気が進んでしまっていることだってあります。

普段との違いに敏感に気付くのが、かかりつけの動物病院

かかりつけの獣医さんがいれば普段からそのコの身体を診てもらえているので、いつもと何か違いがあればあなたが気付く前に、診察時に見付けてくれることもあります。早期に異常や病気を見付けることができれば、早期の対処が可能となり、大事に至らずに済むことだってあるでしょう。特に犬や猫では年を取ると身体の表面や口の中、またお腹の中に腫瘍ができることもありますが、小さなものだったりすると飼い主さんが気付かないこともあります。獣医さんは身体のどこにそういった腫瘍ができやすいかもわかっているので、診察時にはそういう部位は念入りにチェックをしているものです。

あなたが感じるいつもと違う変化があったとして、念のために診察に連れて行った場合、初めての獣医さんであればちょっと様子を見てもいいんじゃないですか？　と言われるところを、普段のそのコのことを知っているかかりつけの獣医さんなら、いつもとの違いに敏感に気付いて検査をして、病気を見付けることだってあります。

また、若いうちからそのコのことを診ている獣医さんであれば、年を取った時に、このコはこういうことに気を付けた方がいいよという、そのコに適したアドバイスをしてくれたりするかもしれません。

全ての飼い主さんが望んでいること。

それは、きっと「うちのコが健康で長生きをすること」だと思います。そう、健康で長生きをするためには、かかりつけの動物病院、かかりつけの獣医さんがいるかどうかが大きなキーポイントとなるのです。

ちなみに動物病院は病気になったら行く場所と思われるかもしれませんが、健康な時に行っても何ら問題はありません。健康チェックや爪切りなどのお手入れ、言葉を話さない犬や猫の理解できない行動や困ってしまうことなど、ちょっとした相談でも気軽に動物病院へ行っていいのです。大学病院や救急病院、専門病院などの特殊な病院を除いて、一般的な病院であれば普段からちょっとしたことで足を運んで、うちのコに病院に慣れてもらうようにするのも大切なのです。

ただし、これは犬の場合です。

猫の場合、通院はストレスになることがほとんどです。なので、健康な猫なら、ワクチンや避妊、去勢手術の時にだけ動物病院のお世話になるということも珍しくはありません。

その少ない機会に、気になることを相談して、コミュニケーションが取りやすい獣医さんなのかどうか、猫に対する扱いはどうなのかなどを見て、自分と合うかどうか、相性を確かめておくと良いかもしれません。

病気になった時に、この先生だったら安心して任せられる、そんな先生がいると心強いですよね。

かかりつけの動物病院、獣医師の探し方

今はネットで何でも調べられるので、かかりつけの動物病院、獣医師を探すのはそんなに難しいことではないかもしれません。

自分が住んでいる地域名と「動物病院」と入れて検索するだけで、地域の動物病院がどこにあるのかすぐにわかります。

大概の動物病院にはホームページがあるので、それぞれの動物病院のページを見ることで特色もわかります。

ホームページを見る上で参考にして欲しいのは、その病院がどういうことを大切にして治療をしているのか、またどういう治療に力を入れているのかなどについてです。そしてその病院が自分の望む病院であるかどうかを考えて欲しいと思います。

またスタッフ紹介の部分も見ると良いと私は思っています。大概の動物病院は院長先生の他にスタッフがいます。獣医師や看護師、トリマー、場合によっては受付スタッフ、しつけの先生などがいる場合もあるかと思います。

これは私論ですが、院長先生の他にスタッフについてもしっかり紹介されている動物病院の方が私は良いと思っています。動物病院は一般企業に比べるとまだまだブラックな病院も珍しくはなく、そうするとスタッフの入れ替えが激しかったりすることもあります。ある朝、院長先生が出勤するとスタッフが一斉に辞めてしまって、いなかったという病院の話も、嘘のようですが、実際にいくつか聞いたことがあります。スタッフがすぐに辞めてしまう傾向にあるような病院では、スタッフ紹介は普通、載せていないでしょう。スタッフが幸せな状態で働くことができていなければ、あなたやあなたの大切なコを幸せにすることはできないだろうと私は思います。

話は少しそれてしまいますが、動物に関わりたくて頑張って獣医師や看護師、トリマーになったのに、ブラックな動物病院に勤めてしまい、長くは続かずに辞めて、もう動物病院業界はこりごりと別の業界に進む人たちも少なくないのが現状です。きちんとした動物病院に勤めていたら、自分のしたい仕事ができたはずなのに、と思うと本当に残念です。間違った動物病院を就職先に選んでしまう人が少なくなれば良いのにとの想いで、年に1回ですが、私は動物看護師の大学で動物病院の実習の受け方や就職先の選び方の授業をさせてもらっています。

※スタッフがホームページに載っていないからダメだとは一概には言えないですし、ホームページにスタッフ紹介があるからいいとも一概には言えませんので、あくまでも参考として捉えていただけたらと思います。

あなたとしっかりコミュニケーションが取れる獣医さん

ホームページで良さそうな病院だと思っても、実際に動物病院に行ってみないとわからないことも多いので、気になる動物病院を見付けたら、うちのコを連れて行って獣医さんに診てもらうと良いでしょう。

ネット以外だと、実際にその病院を使っている人がお友達にいたらどうかと聞いてみるのも参考になるかと思います。

しかし、一番声を大にして言いたいのは、誰かにとって良い獣医さんでも、あなたにとっていい獣医さんではない（かもしれない）ということです。

人それぞれ性格が違うように、獣医さんもそれぞれに個性があるし、病気に対する考え方、治療の仕方、動物に対する考え方も違います。

例えば、あなたの飼っている犬が5日前から下痢をしてしまい、病院に連れて行ったとしましょう。

ある先生は5日前から下痢はしているけど、元気も食欲もあるようなので、まずは薬で様子を見ましょうと言うかもしれません。

またある先生は5日間も下痢が続いているので、しっかり便の検査と血液検査もしましょうと言うかもしれません。

どちらの治療が正しいとは一概には言えません。

それは飼い主である、あなたの意向があるからです。

下痢を治すための手段について、しっかりお話をして、あなたが納得のいく治療を選択できるのが最善です。

治療にはもちろんお金もかかってきます。

犬や猫については、飼い主さんが任意の保険に入っていなければ基本、実費での負担です。

人のように保険があって3割負担という訳ではないので、検査や色々な治療をすることで経済的な負担も大きくなってきます。

その部分も加味して、うちのコに合わせて選択をしていかなければなりません。

人の医療と動物の医療との違いとして、自覚症状があって病院に行くかどうかということがあります。人の場合、自覚症状があるので、どこが痛いとか辛いとかがわかっています。自分でその部分を診てくれる病院に行き、その上で問診や色々な検査をして病気を突き止めていきますが、自分で感じた病気の場所が間違っていることはそうはないでしょう。

一方、犬や猫の場合、どこが痛そうなのか辛そうなのかを、あなたが愛犬、愛猫を見て感じたことやいつもとの違いを伝え、獣医さんが診察をしていくので、病気の場所がすぐにはわからないこともあります。

例えば愛犬がいつもより元気がない場合、腰が痛くて元気がないこともあるし、内臓のどこかに異常があって元気がない場合もあります。実は貧血があって元気がないこともあるし、目の病気で急に視力が衰えてきて元気がないという場合もあります。

獣医さんとお話をして、うちのコのことをしっかりと伝えることはとても大切なことです。たまにあるのが、先生の話がよくわからないとか、先生が怖くて話しにくかったり、わからないことを聞きにくい、なんてこともあります。そういう状態だと、しっかりとした診断や納得がいく治療を選択するというのは難しくなってくるでしょう。

そういう意味でいえば、あなたとしっかりコミュニケーションが取れる獣医さんが良い獣医さんの条件となるでしょう。

また、高齢になって病気が見付かった時には、どこまでどういう治療をするかについても、しっかり獣医さんと相談して決めていくことになります。

この部分も、とても大切です。

しっかりとした治療をするには、検査入院、治療が必要な場合もありますが、犬や猫にとって入院というのはストレスになります。

犬、猫のストレスよりも病気を治すことを大切に思っている獣医さんの場合、通院で治療するというのは選択肢に入ってこないかもしれません。

でも、病気を治すのは大切だけど、犬や猫のストレスも考えたいと思っている獣医さんであれば、通院での治療という選択肢も出てくるのではないかと思います。

色々な選択肢が出てくる高齢期の治療のことを考えると、若い時から信頼して診てもらえる獣医さんを見付けておくのはやはり重要なことだと私は思います。

また今はネット社会なので、色々と簡単に調べることもできます。

○○病という病名が付いたとき、「犬、○○病」という検索ワードで調べる方も多いのではないでしょうか。

確かにネットは便利です。その病気のことがよくわかることもあります。

ただし、ネット上に書かれている情報が全て正しいとは限りません。

間違ったことが書かれていることもあるし、同じ病気を見付けたとしても、うちのコの状態と全く同じではないことだってあります。

なので、ネットを過信するのはどうなのかと思います。調べたことで、余計に不安になることもあるでしょう。

飼い主さんの中には非常に不安になる方もいます。

大切なうちのコが吐いていて、いつも食べているごはんも食べなかったら、それは心配ですよね。

で、ネットで「犬　吐く　食欲なし」なんてキーワードで調べると、それはそれはたくさん情報が出てきます。

「うちのコ、もしかして○○病じゃないかと、心配で」。

そんなことを言って来院された飼い主さん。

色々お話を伺って診察したところ、前日に食べたものがよくなくて、胃炎を疑い、胃薬の注射とお薬を処方したらあっさり治って食欲もすぐに復活した、なんてこともあります。

あなたのかかりつけの獣医さんが、実在する先生であり、グーグル先生ではないことを祈るばかりです（笑）。

ドクターショッピングに要注意

また、たまにあるのが特殊な治療がしたくて、遠くからうちの病院に来てくれた方が、その後、良くなり、そのままうちの病院をかかりつけの動物病院としてくださるケースです。

避妊、去勢手術やワクチン接種など、かかりつけの動物病院として信頼してくださる、その気持ちはとてもありがたいのですが、やはり、かかりつけの動物病院は近くで見付けてもらった方がいいのでは、と思います。具合が悪くなった時、特に命の危険性があるような重篤な症状の場合、かかりつけの動物病院まで遠いと救える命も救えなくなってしまう可能性があります。

また高齢になってきて点滴などで頻繁に動物病院に通わなければならない状況となった時、遠い病院だと愛犬や愛猫のストレスになることもあります。できれば車で15分位で行ける範囲の動物病院がかかりつけの動物病院としては望ましいのでは、と私は思います。なので、うちの病院の特殊な治療を望まれてくる場合、今あるかかりつけの動物病院とは良い関係を続けられるよう、特殊な治療だけ、うちの病院で行ってもらうように伝えることもあります。

そして、これもたまにあるのですが、病気が見付かり、かかりつけの獣医さんが言っていることが信じられず色々な病院にお世話になっている方。

確かに病気が見付かった時に、もしかして他の選択肢があるかも、と思ってセカンドオピニオンとして別の動物病院の獣医さんにお話を聞く場合はあるかもしれません。

それは確かに良いことだとは思いますが、セカンドオピニオンではなく、サードオピニオン、フォースオピニオンとして意見を聞きに来られる方もいます。

いわゆるドクターショッピングの状態になっている方です。ドクターショッピングとは精神的・身体的な問題に対して、医療機関を次々と、あるいは同時に受診すること。別名「青い鳥症候群」とも呼ばれています。

正直、そうなってくると、さらに誰を信じていいかわからなくなってしまうのでは、と思います。

先にも記しましたが、獣医さんが10人いれば10人の考え方、治療の仕方があります。また獣医さんにより、得意分野も異なります。外科手術が得意な獣医さんであれば、それは手術ですぐに治しましょう、と言う場合もあるし、内科治療が得意な獣医さんであれば、いやいや、それは手術をしなくても内科治療でうまくいきますよという場合もあるでしょう。

以前あったのが、自分の猫が腎臓病になり、色々な獣医さんに診てもらって、4か所目の動物病院としてうちの病院に来院された方です。

猫は高齢になると腎臓病になることが多いです。腎臓病は人と同じでなってしまうと腎臓の移植でもしない限り、治すことはできません。壊れてしまった腎臓の機能は戻せないので、残っている正常な腎臓の機能をいかに良い状態で維持するかが治療のカギとなってきます。そして腎臓が悪くなっていくと、腎臓で作られる造血ホルモンが少なくなり、貧血になってきます。

4か所目の動物病院としてうちの病院に来られた、その方の猫は前の病院の血液検査のデータを見ると腎臓病が進み、少しですが貧血も出始めている状態でした。また食欲も落ちてきている状態でした。

もともと、かかりつけの獣医さんはいたようですが、その獣医さんが信じられず、病院を探しているようでした。そして2番目に行った病院では貧血が始まっているので造血剤の注射を勧められて打ったとのことでした。3番目の病院では造血剤の注射を打つのは早かったのではないかと言われ、うちの病院での意見と特殊な治療を求めて来院されました。

このようなドクターショッピングの方が来院された際には、あらかじめ、色々な治療方法があるし、獣医さんの考え方も様々なので、どれが正しいとも言えず、私であれば、という前置きのもと意見を伝えます。

結局、この方は遠かったこともあり、うちの病院では来院された当日に少しだけ特殊な治療をしましたが、その後は全く来院されず、その猫が亡くなった後に電話がありました。3番目の病院に通院されていたようでしたが、造血剤の注射はその後、打たずに亡くなったとのことでした。その病院で造血剤の注射を打つ必要がないと言っていたのは誤りなのではないか？　という怒りの気持ちと、自分自身の病院の選択によって大切な猫を亡くしてしまったのではないだろうかという気持ちで後悔されているようでした。正直、私が診たのは1回だけで、その後は診ていないので、造血剤の注射を打った方が良かったのか、そうではなかったのかは申し訳ないですが、何とも言えないとだけお答えしました。

最初のかかりつけの獣医さんとしっかり信頼関係ができていれば、色々な病院に行くこともなかったでしょうし、悩むこともなかったでしょう。

また、もしセカンドオピニオンの結果、最初のかかりつけの獣医さんの治療が信じられなくなったのであれば、セカンドオピニオンの病院を信頼してお任せしておけば、やはり悩むこともなかったでしょう。

そして何よりも、色々な病院に連れて行かれた猫ちゃんもストレスだったのでは？と思わずにいられませんでした。

やはり、普段から、信頼できるかかりつけの獣医さんを見付け、良い関係を保っておくことは大切なことだと思います。

ところで、そもそも獣医さん、そして動物病院は、人のお医者さんや病院とどのような違いがあるのでしょうか？

かかりつけの獣医さんを見付けるにあたり、ここで意外と知られていない獣医さん、動物病院についてお伝えしたいと思います。

獣医師とは?

医師になるためには、大学の医学部に進んで6年間の教育を受け、医師国家試験に合格し、さらに2年以上、研修医として様々な診療科の経験を積まなければなりません。

一方、獣医師になるためには、農林水産省指定の獣医学科を設置する6年制の大学を卒業し、獣医師国家試験に合格することが必要ですが、研修医はありません。そうです、国家試験に合格したら、動物病院ですぐに獣医師として働けるのが医師との大きな違いです。

ですから、大学を卒業してすぐの新人の獣医師の場合、知識はあったとしても、実際に病気の動物を自分の力で診断、治療はしたことがないというのが一般的だったりします。もちろん手術などもしたことがないというのが通常だと思います。

また大学の授業は解剖学や生理学、衛生学、微生物学、生化学、薬理学、毒性学など幅広く浅く勉強しているため、病気について、そんなに深く突っ込んで勉強はしていません（もちろん自分で深く勉強している方もいると思います。一般論です）。

その他、医師との大きな違いとして、医師は人の病気、治療を学べばいいのですが、獣医師の場合、牛、馬、鳥、犬など様々な動物種の病気、治療を学ばなければなりません。当然のことながら、動物種が違えば、身体の作りも違います。それら全てを大学でしっかり学ぶことは不可能でしょう。そのため実際には大学を卒業し、就職先で病気の動物たちと向き合い、少しずつ学びながら（学ばせてもらいながら、という方が正しいかもしれません）診察できるようになっていきます。

ちなみに、獣医師が診る動物の範囲はとても広く、ペットとして飼われている犬、猫、鳥、うさぎ、フェレットなどはもとより、獣医師によってはイグアナや蛇などの爬虫類を診る場合もありますし、牛、馬、羊などの診察をする獣医師もいます。獣医師の免許があれば、今あげた動物全てを診ることは法律上可能ですが、1人の獣医師で全ての動物を診察しているという人はまずいないと思います。それぞれの獣医師が勉強して、診ることができる動物を診ているというのが通常です。

もう一つ、医師との大きな違いとして、医師の場合、内科、外科、皮膚科、小児科、眼科、呼吸器科、循環器科など様々な専門分野に分かれて診察をしていますが、獣医師の場合、基本的には人のような専門分野には分かれていません。1人の獣医師が内科も外科も眼科も小児科も全てオールマイティーに診察をしているのが一般的です。現在は専門医の認定資格もあるので、資格を取って専門をうたい、その科だけ診ている獣医師も少しずつ出てきていますが、動物病院で働くほとんどの獣医師が、診ることができる動物の全ての科を診ているというのが現状です。

動物病院以外で活躍する獣医師もたくさんいます。例えば、牛や馬などを診る産業動物の獣医師、ライオンや象などを診る動物園の獣医師、魚やイルカなどを診る水族館の獣医師もいます。

獣医師＝動物のお医者さんというイメージが強いかと思いますが、実際には動物の診察をしていない獣医師もいます。

そもそも獣医師は獣医師法という法律のもと、動物の診療や保健衛生指導などを通じて以下の三つに寄与することが使命だとされているからです。

1　動物の保健衛生
2　畜産業の発展
3　公衆衛生の向上

そんな訳で、ＢＳＥや鳥インフルエンザをはじめとする家畜の感染症など、生産性に悪影響を及ぼす病気の検査、予防対策をする獣医師もいるし、空港にある「検疫所」で輸入食品の確認検査業務をしている獣医師もいるし、保健所で食品衛生監視業務をする獣医師もいます。これらの施設で働く獣医師は公務員ですが、製薬会社などで医薬品の研究を行う獣医師もいます。

動物病院とは？

冒頭でもふれましたが、２０２０年現在、動物病院は全国で1万６０９６病院あり、毎年その数は増えています。

一概に動物病院といっても、その規模は様々です。獣医師1人だけで診ている動物病院もあるし、獣医師が10人以上、動物看護師もそれ以上いるような大きな動物病院もあります。

一般的には診療内容によって1次診療病院、2次診療病院があります。

1次診療病院とはいわゆるホームドクターのことで、普段の予防注射や具合が悪くなったらすぐ行って、診てもらえるかかりつけの病院です。

2次診療病院とは大学病院や一つの分野を専門に診ている専門病院などをいいます。

1次診療病院で診察をしていて、その病院ではできないようなより詳しい検査や治療、手術などが必要な場合、2次診療病院の予約を取って診てもらうということになります。なので、一般的には飼い主さんが直接、2次診療病院に行くのではなく、紹介で診てもらうような病院になります（2次診療病院には眼科専門、歯科専門、皮膚科専門、循環器専門などの病院があります）。

ちなみに大学病院は、全国で17病院あります。

北海道…北海道大学（札幌市）、帯広畜産大学（帯広市）、酪農学園大学（江別市）

青森県…北里大学（十和田市）
岩手県…岩手大学（盛岡市）
東京都…東京大学（文京区）、東京農工大学（府中市）、日本獣医生命科学大学（武蔵野市）
神奈川県…麻布大学（相模原市）、日本大学（藤沢市）
岐阜県…岐阜大学（岐阜市）
大阪府…大阪府立大学（堺市）
鳥取県…鳥取大学（鳥取市）
山口県…山口大学（山口市）
愛媛県…岡山理科大学（今治市）
宮崎県…宮崎大学（宮崎市）
鹿児島県…鹿児島大学（鹿児島市）

最近では2次診療病院まではいかないけれど、それに近い検査や治療、手術ができる「1・5次診療病院」、ペットショップに付属した動物病院で手術などは行わず予防をメインとした簡単な治療のみを行う「0・5次診療病院」などもあります。

診ている動物も病院によって異なります。一般的には犬や猫ですが、病院によってはウサギ、ハムスター、フェレット、鳥などを診てくれる動物病院もありますし、そういった犬、猫以外の動物のみを専門で診ている動物病院もあります。

犬、猫以外の動物を飼う場合には、近くにそういった動物を診てくれる動物病院があるかを調べておいた方が良いでしょう。

また一般的な動物病院は人の病院と同じく、日中のみの診察で夜間は診ていない病院が多いのですが、最近は24時間、診てくれる動物病院もあります。

病気は突然やってくることもありますので、夜間に具合が悪くなった時に診てくれる動物病院を普段から知っておいた方が、いざという時に慌てないので良いでしょう。

わからない場合、かかりつけの動物病院に聞いてみると良いかもしれません。

都市部では往診で夜間診てくれる獣医さんがいることもあります。都市部以外の地域の場合、なかなか夜間に診てくれる動物病院が近くにないことが多いかもしれません。そんな時には24時間、獣医師が電話で相談に乗ってくれる電話相談窓口、Ａｎｉｃｌｉ24（アニクリ24）を利用するのも一つの手段です。

なお、24時間診てくれるような救急の病院へ行った方が良いのだろうかと思うような出来事が起きてしまった場合、すぐその病院へ行くのではなく、まずはその病院に電話をして状況を説明して指示を仰いでください。すぐに病院に行かないで様子を見て、翌日、かかりつけ病院に行って診てもらえれば大丈夫な場合もあります。また救急病院も他の患者さんを受け入れていて、すぐには診てもらえない場合もあります。

動物病院でかかるお金は？

人の病院と違い、動物病院は自由診療のため、同じ治療をしたとしても病院によって治療費は様々です。ある病気で治療をするとしても、同じ検査、注射をして、Aという病院では治療費が5000円、Bという病院では1万円ということも普通にあります。

もちろん予防のためのワクチン接種についても同じです。全く同じワクチンを打ったとしても料金は様々です。

一例をあげると、犬の6種混合ワクチンは、多くの病院での価格として3000円～1万円、猫の3種混合ワクチンは2000円～1万円までと病院によって大きな差があります（2014年日本獣医師会調べ）。

料金については地域差が一番大きいと思います。都市部と郊外、農村部を比べると、明らかに都市部の方が料金は高いことが一般的です。

また夜間病院や専門病院での診察費は一般的な動物病院に比べると、金額的には高額になることが通常ですので、そういった病院に行く場合には、それなりの料金がかかると思っていた方が良いかと思います。

愛犬や愛猫の具合が悪くて動物病院に連れて行った場合、まずはいつから、どのような症状があるかを獣医さんにお話しするかと思います。そして獣医さんが愛犬や愛猫に実際に触れて聴診や触診をすることで異常が見付かる場合もあるし、それだけだと病気が何であるかわからないこともあります。その場合、血液検査やレントゲン検査、超音波検査、尿検査など、必要な検査を獣医さんから勧められることと思います。それぞれの検査の価格もやはり動物病院によって異なりますが、大体の目安は以下の通りとなります。

血液検査（血球検査）	1846円
血液検査（内臓検査）	4625円
レントゲン検査	3931円
心電図検査	2521円
超音波検査（腹部）	3204円
尿検査	1432円

（2014年日本獣医師会調べ、全国1365名の小動物臨床獣医師での平均値）

注意：このデータは2014年のものであるため、物価、人件費の高騰により、現在はこの結果より料金が全体的に上がっているものと思われます。

病気の原因を突き止めるため、人と同様にMRIやCT検査をしなければならない場合もあります。その際、大学病院や専門病院で行うことが多いのですが、一般的にMRIやCT検査を受ける場合には、最低でも5万円以上はかかると考えておいた方が良いかと思います。

MRIやCTも、犬や猫の場合は全身麻酔が必要になります。ただし、具合が悪くてほとんど動かない場合や麻酔のリスクが大きい場合には、外から身体を固定して全身麻酔をしないで行うこともあります。

どこまでどの検査をするかは、そのコの状態を見ての飼い主さんの意思が尊重されますので、全身麻酔が必要な場合、検査によるメリットやデメリットなどをしっかり検討の上、決めた方が良いかと思います。

もちろん手術の料金も病院によって異なります。一般的に行われる避妊、去勢手術の場合、どの病院でも男のコの去勢手術の方が女の子の避妊手術よりも手術時間も短く、手技も難しくはないため料金は安いかと思います。

また猫の場合は体格の違いがさほどないため、料金は一定だと思いますが、犬の場合、小型犬〜大型犬まで体重差があるため、料金はその大きさによって異なることが一般的です。

体格が大きいとそれに合わせて麻酔の量も多くなります。より手術の時間もかかることが多いため、体重が重くなるほど料金が高くなることが一般的です。

避妊・去勢手術の料金は病院に聞けば、普通は教えてくれます。色々な病院に料金を聞いて、地域で一番安い病院で手術をしようとする方もたまにいます。

手術ですることは同じだとしても、使う麻酔の薬だったり器具だったり、安い場合には安い理由がある可能性があります。高いから一概に良いとは言いませんが、手術については命に関わることもあり得るので、やはり信頼できるかかりつけの病院で行うことを私はおススメしています。

治療費や手術費などは愛犬、愛猫と暮らす際には必ず考えなければならないことですが、病気になってしまって治療費がかかる場合、しっかり獣医さんに聞くこと、相談することも大切です。獣医さんがそのコにとって一番良い治療方法を考え、勧めたとしても、あなたがそこまでは希望しないという場合もあるし、そこまでは金銭的に余裕がないという場合もあるでしょう。

そういう時は正直にそこまでの治療は望んではいないとか、そこまでの金額は出せないのですが、と言った方が良いかと思います。

それならば、ということで獣医さんもあなたの希望を叶えるためにできる範囲での別の選択肢や治療方法を提示することができるからです。

ペット保険について

最近では、いざという時のためにペット保険に加入している方も多いかと思います。ペット保険に入っておくと、通院治療や入院治療、また手術などを行った時の費用の一部をペット保険が補填してくれます。ただし、ガンの人がガン保険に入れないように、病気が見付かってからではペット保険に入れませんので、あらかじめ健康な時に入っておく必要があります（現在かかっている病気以外の部分は、ペット保険に加入できることもあります）。

年を取って病気が見付かり、こんなにお金がかかるのであればペット保険に入っておけば良かった、なんて言う飼い主さんの言葉を今までたくさん聞いてきました。

ペット保険は現在、色々な会社が扱っていますが、年齢制限があることがほとんどです。高齢になってからは入れないこともあるので、若い時に加入しておくと良いと思います。

特に、初めて愛犬、愛猫を迎えた場合には、ペット保険に加入することをおススメします。愛犬や愛猫がどんな時に病院に行き、どの位の費用がかかるのかというのは、なかなかわからないものです。私たちが病院に行った時には、健康保険のおかげで自己負担額は少なくなりますが、同じように検査や薬の処方を受けても、動物病院では全額自己負担となり、その金額に驚かれる方がほとんどです。

保険料や補償内容は保険会社によって違うので加入する際には、よく吟味した方が良いかと思います。保険料が安いから入ってみたら、手術しか利かなかった、なんて話も聞いたことがあります。手術は高齢になっている場合、リスクがあるため、あえてしないという選択肢もあり、手術をする機会は意外と少なかったりするので、それよりは通院や入院に対する補償がしっかりした保険の方がおススメです。

また動物病院の受付で保険証を提示すれば、その場で使えて、加入に応じた割合での支払いで済む保険もあります。しかしながら、多くの保険では、病院で支払いを済ませた後に、明細書や診断書を獣医さんに書いてもらって、それを保険会社に送ると後日、保険金が口座に振り込まれるという感じになります。保険金の支払いまで手間がかかりますが、その分、病院ですぐに保険が使えるものより、一般的に毎月の保険料が安めのことが多いようです。

保険金の請求に必要な書類は保険会社によって異なり、病院で記入してもらう際に、場合によっては文書作成料などの費用がかかることもあるため、請求時にどういった手続きが必要かも確認しておくと良いでしょう。

ちなみにペット保険はあくまでも病気に対してのものなので、ワクチン接種や予防薬などには一般的に使えませんのでお気を付けください。

最近ではうちの病院のように鍼灸治療をするところも増えていますが、鍼灸治療・漢方などの東洋医学にも、使える保険もあれば使えない保険もあります。

また、先天性の病気があった場合、補償の対象外として約款に記載されている保険もあります。どこまでが保険の対象かをしっかり見ておく必要もあるかと思います。

年間の通院・入院回数制限、手術回数制限、1回当たりの金額制限もあるのが一般的ですので、そこの部分もしっかり見てから加入した方が良いでしょう。保険によっては、免責金額の設定がある場合もありますので注意が必要です。

契約は1年ごとの自動更新が一般的で、更新の際には保険会社から資料が届いて契約解除をしない限り続いていくものが多いです。ただ、中には特定の病気にかかってしまったり、保険金の支払いが満額になってしまった場合などに契約を継続できない保険もあります。

契約を更新していくと、年齢を重ねるごとに病気のリスクが上がるため、保険料の支払いは高くなっていくかと思います。

またペット保険の傾向として、しっかり届いた書類を見ておかないと、前年度と保険内容が違う場合もあるので要注意です。ある保険は1年間の利用回数が無制限だったのですが、ある年から保険内容が変わり、使った保険回数によって翌年の保険料が変更されるようになっていました。健康で全く保険を使わなかったら保険料は安くなるのですが、使った保険回数がある一定回数を超えてしまうと翌年の保険料が割り増しになるのです。保険会社は継続更新の際の資料にそのことを書いていたのですが、大概の飼い主さんがしっかり確認せずに使っていて、翌年、保険料の請求が来た時にビックリしたなんて話も聞いたことがあります。

その他、病気・ケガの補償だけではなく、予防情報などのメールマガジンが配信されていたり、電話相談などもセットになっている保険もあります。また、他の動物や人にケガをさせてしまったり、他の人の物を壊してしまって賠償責任が発生した場合に、その費用を補填する賠償保険を契約することもできます。そういった部分にも安心感があるのは良いですね。

今やペット保険は多種多様のため、獣医師や看護師も全ての保険をしっかり認識している訳ではないので、どの保険に入るか迷われたらペット保険の比較サイトもあるので参考にしてみるのも良いかもしれませんね。そして、気になる点がある場合は、保険代理店や保険会社のコールセンターなどを活用して、申し込む前に確認するようにしましょう。

ペット保険は小さな可愛い家族に対して愛情以外に飼い主さんがかけてあげられるものの一つです。もしもの時のためにも、大切な家族のためにペット保険に加入することをおススメします。

もう高齢のためペット保険に加入することができないというのであれば、今から、毎月、愛犬、愛猫のためにお金を貯金して欲しいと思います。今は健康でも、いつ病気になってお金がかかるようになるかはわからないですからね。

健康で長生きするための動物病院との付き合い方

動物病院は病気の治療や予防のためだけに行くのではなく、普段のちょっとしたお手入れ（爪切りや肛門腺絞りなど）でも足を運んで、病院に慣れてもらうというのも犬の場合は良いかと思います。

その際、病院＝楽しい場所という印象が愛犬に残るように、おやつなどを持っていって獣医さんからあげてもらったりするのも良いかもしれません。

病気の時だけ行くと、例えば注射をされて痛い思いをしたという印象だけが強く残ってしまうかもしれません。病院＝行きたくない場所というイメージが強くなり、連れて行くのが大変になってしまう場合もあるかと思います。

猫の場合、お家で爪切りができれば良いのですが、できない場合、やはり病院に定期的に連れてきてもらった方が良いかと思います。特に年を取って、爪切りをしていないと、爪が長くなって肉球に刺さり痛い思いをしてしまうことがあります。

病院に慣れていない猫の場合、動きが固まってしまうコと、反対にパニックになって暴れてしまうコがいます。固まってしまうコの場合、必要な処置は問題なくできますが、パニックになってしまうコの場合、「洗濯ネット」に入れて連れてきてもらうことをおススメしています。また猫が落ち着くフェイシャルフェロモン（フェリウェイ）のスプレーをあらかじめケージに吹きかけておくのも良いかもしれません。

※フェリウェイは、世界40か国以上で愛用されている、猫のフェイシャルフェロモンF3類縁化合物を含む製品です。フェイシャルフェロモンF3は猫の頬から分泌される物質で、よく猫が飼い主さんに頭をこすりつけたりしますが、それは慣れ親しんでいることを示すためにこの物質を分泌して付けていると考えられています。

健康で長生きするために必要なこと、それは何よりも病気にならないように予防をすることです。そのために動物病院を活用していってください。

子犬や子猫を飼い始めたら、まずは混合ワクチン接種があります。子犬、子猫の場合にはしっかり免疫力を付けるために2〜3回の接種が必要になります。また混合ワクチンの種類も病院によって色々ありますが、そのコ、そのコの生活環境やライフスタイルによって何種のワクチンを接種するかは異なってきます。獣医さんと相談の上、何種のワクチンを接種するかを考えると良いでしょう。

初年度のワクチン接種が終わった後は、毎年ワクチンを接種すべきなのか数年おきにするのか、そのコの暮らす環境によってもどうすべきか変わってくると思いますし、また動物病院によっても考え方が異なります。1歳以降の場合には、しっかり獣医さんと相談してワクチン接種についてどうすべきかを考えた方が良いでしょう。最近では、ワクチンに含まれる病気の抗体検査をすることもできるようになってきているので、抗体検査をしてから考えても良いのかもしれません。

犬の場合は混合ワクチン以外にも、狂犬病ワクチンの接種が義務付けられています。狂犬病ワクチンは絶対に接種しなければならないと強く考えている方もいますが、高齢になって病気の治療中などの場合には、獣医さんに相談してみてください。狂犬病ワクチンを接種することがそのコの負担になると考えられる場合には、獣医さんから「狂犬病ワクチンの猶予証明書」を発行してもらい、無理に狂犬病ワクチンを接種しない方が良いでしょう。

また、ノミ、マダニやフィラリア予防もしっかりすることをおススメします。地域によっていつからいつまで予防するのかは異なります。最近は温暖化現象のため、冬にもマダニを見たりすることがあるので1年を通して予防をすることもあるかと思います。ノミやマダニは人に病気をもたらすこともあるので、犬や猫の予防だけでなく、人の健康のためにも必要かと思います。

予防薬もどんどん進化していて、首の後ろに垂らすスポットタイプだけでなく、錠剤、おいしいお肉のチュアブルタイプなど色々あります。獣医さんと相談してうちのコが使いやすいものを処方してもらうと良いでしょう。

将来的に子犬、子猫を望んでいないのであれば、去勢、避妊手術も病気の予防という意味では大切です。去勢や避妊手術をすることで卵巣、子宮、精巣などの病気の予防につながります。自然のままで過ごしたいので去勢や避妊手術はしたくないという方もいらっしゃいますが、野良猫や野良犬ではなく、人と一緒に暮らしている時点で、もうすでに自然の状況ではないと私は思います。去勢や避妊手術をしていないと発情期には周りが気になってしまい、犬も猫も落ち着きがなくなってしまったり、外に出たいと騒いでも出られないというようなストレスがかかる状況となるため、うちの病院では去勢、避妊手術をおススメしています。

健康で長生きするためには、これらの予防以外に定期的な健康診断も大切です。

うちの病院では1年に2回（春と秋）の健康診断をおススメしています。人の場合

1年に1度の健康診断をすることが多いので、1年に2度も健康診断が必要なの？と思われる方もいるかもしれません。しかしながら、成犬、成猫の場合、人間が1歳、年を取る時に、およそ4歳分、年を取る計算になります。そのため1年に2度健康診断をしたとしても、人で考えると2年に1度の健康診断をしているという感じになります。

健康診断は血液検査、尿検査、便検査、必要に応じてレントゲン検査、超音波検査などをするのが一般的です。

健康診断をすることで、病気を早期に発見することもできます。早期に発見することで、早期に治療を開始することができます。

以前、うちの病院であったケースですが、元気も食欲もある若い犬の健康診断をしたら血液中の白血球が多く、追加の検査をしていったら白血病だとわかったことがあります。健康診断をしなければ見付かるのはもっと後のことだったでしょう。幸いにして早期発見することができ、早い時期に治療を始めることができました。

また尿検査をしてみたら、尿中に結晶が見付かることもあります。尿中の結晶に気付かずに放っておくと、結晶はやがて固まり、大きな結石になってしまうこともあります。結石の種類によっては食べ物を変えることで溶かせる場合もありますが、1度できてしまうと溶けない石もあります。その場合は、手術で結石を摘出することもあります。結晶の段階で見付けることで、大事には至らずに済むこともあります。

尿中の結晶については血液検査をしても普通はわかりませんので、オシッコが取れるようであれば尿検査もすると良いかと思います。

歯の健康も大切

人と同じく歯の健康も犬や猫にとっては大切です。人間は歯磨きをしますが、犬や猫も歯磨きをするのが歯の健康には一番です。

歯磨き用の歯ブラシや指に着けるサックのようなもの、歯磨きシートなど色々ありますが、一番良いのは歯ブラシでの歯磨きです。見えない部分である歯と歯茎の間の歯周ポケットを掃除できるのが歯ブラシだからです。

人のように、毎食後に歯磨きをするのは大変だと思うので1日1回はできると良いかと思います。歯垢は3日経つと歯石になると言われているので、毎日が難しいようなら3日に1度を目安に歯磨きすることをおススメします。

ただ、犬でも猫でもほとんどのコは口の中を触られるのは苦手なので、いきなり頑張って歯磨きをするよりも、まずは歯ブラシに慣れさせて少しずつ歯磨きができるように練習することが必要です。最初は歯ブラシを口もとに触らせてくれたらほめたり、おやつをあげたりします。

次は口を少し開けて歯ブラシを歯に触らせてくれたらほめたり、おやつをあげます。少しずつ少しずつ歯ブラシでの歯磨きができるように慣らしていくのがコツです。

すでにガッチリ歯石が付いている場合は、歯磨きで歯石を取ることは難しいので、麻酔をかけての歯石除去をかかりつけの獣医さんと相談してみてください。

歯石が付いた歯で物を食べることで、歯石に含まれている細菌も身体に取り込み、それによって心臓や腎臓を悪化させることがわかっているので、歯を綺麗に保つことは健康で長生きするためには大切です。

犬や猫の高齢化に伴い、歯周病も昔に比べると増加しているように思います。

かつて、うちの病院であった症例で、18歳のミニチュアダックスちゃんが朝、家族の方の腕が顔に当たってから顔つきがおかしいということで来院されました。

検査をしてみるとミニチュアダックスちゃんの顎の骨が折れてしまっていることがわかりました。

普通であれば、人の腕が犬の顔にぶつかったぐらいでは顎の骨は折れません。そのミニチュアダックスちゃんの口を見ると歯石がたくさん付いていて、歯周病を起こしていることはすぐにわかりました。歯周病がひどくなると、顎の骨が弱くなります。おそらく顎の骨が弱くなっていたために、ちょっとぶつかっただけでも顎の骨が折れてしまったのでしょう。顎の骨が折れてしまい、そのミニチュアダックスちゃんは、食べたくても食べられない状態になっていました。

幸いなことに、血液検査をしてみると内臓の状態は良かったので、麻酔をかけて折れてしまった顎の骨を切除し、胃ろうチューブを入れることで生きていくことはできます。

しかしながら、飼い主さんは自分の口で食べることができないのであれば、そこまでの治療は望まないということで安楽死を選択されました。

そのミニチュアダックスちゃんが歯のお手入れをしていて歯が丈夫であれば、悲しい最期を迎えることはなかったのではないかと思うと悔やまれてなりません。

ペットでも気を付けたい食生活

健康で長生きするためには、日々の食事に気を使うことも大切です。私たちも犬も猫も、食べたもので身体が作られています。何を食べるかは健康を考える上でもとても大切です。

毎日、自分がコンビニのお弁当やファストフードばかりを食べていたら、どうなるかは想像するのに難しくはないでしょう。人であれば、自分で選んで食事をします。お肉ばかり食べちゃったから、お野菜も食べなきゃとか、昨日はスイーツの食べ放題に行ったから今日は控えめにさっぱりした食事にしようなど、健康に気を使って食事を選ぶかと思います。愛犬や愛猫のごはんを選んでいるのは飼い主さんであるあなたなので、あなたが何を選ぶかはとても大切です。

今はペットショップに行くと多くのドッグフード、キャットフードがあります。何をあげたらいいか迷われることもあるでしょう。そういった食事についての相談を、動物病院に行った時に獣医さんにするのも良いかもしれません。

ただし、人の栄養学でも、先生によっては糖質制限が良いという人がいたり、日本人は米を主体にした食事が良いという人がいたりと様々なように、動物の栄養学も獣医さんによって意見が異なるかと思います。

一番安全、安心なごはんはお家で作るのがベストだけれど、栄養素の部分で難しかったり、作る時間がかかって無理な場合もあるので、信頼できるペットフードをベースにして、トッピングなどで食材を追加する。私が犬や猫のごはんを相談されたら、そうおススメしています。そしてペットフードを選ぶ時には、パッケージの表に書いてある良さそうな謳い文句を見るのではなく、パッケージの裏面、何が原材料として入っているかを必ずチェックするようにと伝えています。

原材料表示には入っている材料が多い順に書かれていますが、最初に肉や魚などが書いてあるものを、と言っています。猫は肉食ですし、犬も肉食に近い雑食だからです。

またペットフードには抗酸化剤などの添加物も含まれていますが、化学的なものではなく、自然のものの由来の安全な抗酸化剤のフードを勧めています。大手メーカーでよく聞くブランド名のペットフードだから大丈夫ということはないので、自分の目で確かめて選ぶことが大切です。

そして購入するペットフードの内容量については、開封してから長くても1か月以内で食べられるサイズ、ということに気を付けてもらっています。大きいサイズの方が割安ですが、開封して時間が経つことで酸化が進んでしまうからです。

一般的に使われているドライタイプのペットフードは水分が少ないため、水分を増やすことをおススメしています。単にドライフードに水をかけても良いのですが、それだと食べてくれないコもいるので、風味付けのために、脂肪分の少ない鶏肉などをゆでた、ゆで汁や昆布などのだし汁をおススメしています。人も犬も猫も体重の60〜70％が水分であり、身体の様々な代謝や機能に水分が関わっているので、水分を取り入れることはとても大切です。

また身体を正常に維持していくためには酵素が必要ですが、ペットフードにはほとんど含まれていないので、生野菜や肉や魚など酵素を含む食材をトッピングとして加えることもおススメしています。

何をトッピングすれば良いかわからない場合、スーパーに買い物に行った時に人間用に買った食材の一部で旬の野菜（犬や猫が食べても害にならないもの）などがおススメです。旬の野菜は一番栄養価が高いですし、人の食事のついでという軽い感じでトッピングすれば良いのです。犬や猫のために頑張り過ぎてしまう方も多いので、気軽な感じで楽しくトッピングを続けられることが大切です。

おススメの本をご紹介します。『あなたのわんこの幸せ寿命がのびる！ トッピングごはん実践BOOK』『猫のトッピングごはん』（いずれも芸文社）。

犬や猫が病気になってしまった場合には、病気の種類によっては「療法食」と呼ばれる病気のコ用のペットフードを使う場合もあります。今はネットで療法食を買うこともできて、意外とその方が安かったりするので通販で購入する方もいます。ですが、病気の場合にはしっかり獣医さんと相談した上で、療法食を選ぶことが大切なので、安易にネットで購入することはおススメしません。

療法食も色々あり、病名だけで選ぶと間違っている場合もあります。動物病院で購入する方が価格が高いのは、獣医師の処方料金が入っているからだと思ってもらった方が良いかと思います。また療法食をずっと食べていると別の弊害が出てしまう場合もあるので、病気によっては落ち着いたら普通のフードに戻す場合もあります。その辺の見極めも獣医さんと相談の上で、という感じになるかと思います。

そして猫に多いのですが、療法食を食べてくれないコもいます。病気を治すために必要な療法食ですが、食べてくれないのでは仕方がありません。猫の場合、食べなれていないものは特に口にしない、ということも多いかと思います。なので、子猫の時から一つのフードと決めずに、色々なフードや時には缶詰などもあげるようにしておくことも大切です。

療法食をかかりつけの獣医さんから勧められたけど、どうしても食べてくれなくてどうしたら良いかわからないと相談されることもあります。真面目な方に多いのですが、獣医さんから言われたことは絶対に守ろうとするあまり、愛犬や愛猫が療法食を食べてくれなくて困り果てるという感じになっていたりします。

療法食の方が嗜好性を高めて作られた市販のフードより食い付きが悪いのは当然です。そして病気によって、本来よりも食欲が落ちてしまっている場合にはなおさらです。そういう場合は、「無理せず今までのフードで良いですよ、できる治療をしていきましょう」とお話しする場合もあります。

療法食だって100%の効果がある訳ではないので、療法食が無理であれば、できる選択肢を考えていけば良いのではないかと思います。

より良い治療を選ぶために

先にもお伝えしたように、人の病院と動物病院の診察には大きな違いがあります。人の場合なら、どこが痛いとか、どのように具合が悪いのかを自覚して、それを医師に伝えて診察を行いますが、当然のことながら動物は話せないので、動物の治療をする際には動物病院では飼い主であるあなたが愛犬や愛猫の話をしていくことで診察が行われます。ですから普段から一緒に暮らしている愛犬や愛猫の様子を観察して、いつもと違う場合、何がどう違うのかをしっかり獣医さんに伝えることが大切です。

言葉でうまく伝えることができない場合には、携帯電話のカメラなどで、いつもと違う様子を撮って獣医さんに見てもらうのも良いでしょう。

普段から全身をしっかり触ることも大切です。年を取って身体に何らかの出来物ができた場合にも、早期発見することができます。

そのためにも、小さなうちから身体のどこを触っても怒らないコにするようにした方が良いですよ、と子犬の飼い主さんにはよく伝えます。特に足先や口回りなどは触られると嫌がるコが多いので、そういう嫌がる場所でも触らせてくれたらご褒美をあげたり、ほめたりして慣れるようにしてもらいます。

また動物の身体から出る情報、例えば、尿や便、目やに、耳垢などもしっかり見て、いつもと違う場合、それが何らかの病気のサインであることもあるので、持参して診察に行くことをおススメします。

検査や治療など、最終的にどこまで行うかどうかを決めるのは飼い主さんであって、獣医さんではありません。たまにあるのが、かかりつけの動物病院で病気の診断のためにＭＲＩを勧められたけど、麻酔をかける検査はしたくないということで転院されてくるケースです。おそらく獣医さんは診断のためにはＭＲＩ検査をしなければわからないと伝えていると思うのですが、ＭＲＩ検査を「しなければならない」と飼い主さんが理解されている場合があります。あくまでも、どうするかは飼い主さんである、あなたの意思が尊重されますので、その部分は間違えないようにしてもらえればと思います。

また、「どの治療を選ぶかは先生にお任せします」という飼い主さんもいます。先生を信頼しているから、と言われますが（そこまで信頼してもらえるのはありがたいのですが）、やはり大切な愛犬や愛猫の治療をどうするかは、飼い主さんであるあなたがしっかりと決めることが重要だと思います。

どうしても、治療を決めきれない場合には、「もしこのコの飼い主が先生だったら、どうしますか？」と意見を聞いて、参考にするのも良いかもしれません。

愛犬や愛猫との、より良い関係とは？

動物の治療をするのは獣医さんですが、治療は獣医さんの力だけではできません。動物看護師さんの協力もそうですが、何よりも重要な協力者は一番身近にいる飼い主さんであるあなたです。お家でのお世話、投薬や看護、そしてちょっとした、そのコの変化を見逃さずにわかるのは一番身近にいるあなたです。

病気の治療中、前よりも顔つきが良くなったとか、動作が機敏になったなど、普段の生活で見られるちょっとした変化は獣医さんにはわかりません。そういった変化が見られた場合には、獣医さんに伝えてもらえると助かると思います。

病気の治療では血液検査などをして経過観察していくこともありますが、血液検査の数値だけにとらわれることなく、そのコの全体を見ていくことは大切です。

うちのコの様子を観察することはとても大切で、大概の飼い主さんは普段からよく見ており、おかしいなという変化がある時に動物病院に来院されます。しかし、何かの病気をした後など、飼い主さんが不安から神経質になり過ぎている場合があり、それが犬や猫の不安につながっていることもあります。

○時○分　ごはん（カリカリ○粒）
○時○分　オシッコ（黄色）
○時○分　寝る
○時○分　黄色の液体を吐いてウロウロする
○時○分　ごはん（カリカリ○粒、缶詰2口）

こんな感じで、こと細かく様子を書いたノートを持ってこられる方もいます。心配で、心配で、じ〜っと様子を見ているのだというのがノートを通して伝わってきます。しかし、日常生活でそこまで見られていると、犬も猫も飼い主さんの視線や感情を感じ取ってしまうのではないかと思います。

私たちが、愛犬や愛猫の考えていることを何となくわかるように、犬や猫も飼い主さんの考えていることや、感情の変化を敏感に感じ取っているように見えます。

そして、犬は（おそらく猫も）飼い主さんの不安な気持ちを一番、敏感に感じ取っているように思います。

例えば、犬や猫に病気が見付かった時、飼い主さんが心配し、不安になるのはもっともなのですが、その心配や不安があまりにも過度だと、犬の（おそらく猫も）負担になることがあるのです。

私は常々、様々な飼い主さんと犬や猫の関係を見ていてそれを感じていたのですが、2019年6月に「サイエンティフィック・リポーツ」という学術誌の中で、まさにそのことが記されていました。

スウェーデンで飼い主さんと犬のペアを対象として行われた研究なのですが、そこでは飼い主さんと犬のストレスレベルを、毛髪に含まれるストレスホルモン、コルチゾールの濃度として数か月にわたって調べています（不安やストレスを感じる状況だとコルチゾールの濃度は上昇します）。

様々なストレスを検討した中で、犬の不安の強さと最も関連が深かったのが飼い主さんの不安の強さだったということです。

論文によると飼い主さんが不安になると犬も不安になるそうなのですが、面白いことに逆の関係、つまり犬が不安になっても飼い主さんが不安になるということはなかったそうです。

おそらく犬は日常生活の大部分を占める飼い主さんの感情を読み取り、飼い主さんがストレスや不安の中にある時、それを感じ取って不安になるのだろうということです。

病気が見付かった時、「不安になるのは仕方がないけど、あまりにも不安になり過ぎないようにしてくださいね」と飼い主さんに言うこともあります。

そして、「あなたが心配すればこのコの病気が治るのであれば思いっきり心配してください。でも、そういうことはないですよね」と言うと、大抵の方はそうですね、と頷いてくれます。

不安になる傾向がある方の多くは、犬や猫に精神的に依存し過ぎているように思います。このコがいなければ私は生きていけない、と思っている方はちょっと要注意です。その位大切に思っているのは良いのですが、そのコあっての自分の人生になっては良くありません。

愛犬も愛猫も大切な家族ですが、私は私の人生、そして、そのコはそのコの「犬（猫）生」があります。互いに良い関係を築くこと、互いに依存し過ぎない関係を築くというのも大切なことだと思います。

Chapter 2

病気を治すだけではない動物病院

～こうご動物病院の特徴と診療内容～

サロンのような落ち着く動物病院

私は2009年に「こうご動物病院」を開院したのですが、その時に考えたコンセプトが〝動物病院っぽくないサロンのような落ち着く病院〟、そして、〝地域のペットオーナーさん達のコミュニティスペースになるような病院〟でした。

なので、よくある動物病院の待合室に貼ってある伝染病とかワクチンについてのいわゆる動物病院を彷彿させるようなポスターなどは、うちの病院の待合室にはありません。業者さんはそういったポスターをせっせと持ってきてくれますが、「病院っぽいから、いらない〜」と言って毎回お断りしています（笑）。

待合室の一部にはコーヒーセットが置いてあり、カフェのようなテーブルとイスも置いてあります。

その空間を使って、飼い主さんたちが交流できるようなお茶会を開催することもあります。

このお茶会には獣医師である私も参加します。どうしても普段、動物病院に来た時だと、忙しそうな獣医さんを前に聞きたいことが聞けないこともあるでしょう。そんな飼い主さんの聞きたいことやちょっとした疑問に気軽に答えることができる場を作りたい、そういう想いがあってお茶会を始めました。

また以前には動物病院を飛び出して、近所の公園で患者さん、スタッフと一緒にバーベキューをしたり、ドッグカフェを貸し切ってワンちゃんと一緒の運動会をしたこともあります。

なぜ、動物病院なのにそんなことを？　と疑問に思われる方もいるでしょう。

患者さんとワンちゃんたちと、バーベキューや運動会をしたら面白いだろうなぁと思ったのもありますが(うちの病院では面白そうと思ったことはとりあえずやってみます)、何よりも、飼い主さんご家族と、白衣ではない普段着の獣医師や看護師との触れ合いにこそ意味があると私は思っているからです。

そういったイベントでは、病院に来ている時とは違

待合室はこんな感じです

う普段の飼い主さんご家族とワンちゃんの様子を見ることができます。するとおのずと家族関係であったり、その家族とワンちゃんとの関わり方などがよくわかります。そして、なぜそのワンちゃんがその病気になってしまうのかだったり、特殊な行動をするのかなどがわかったりします。病気になった時にどういうアプローチをして、その家族の方にどう伝えた方が良いかなどもわかります。

一方で、患者さん側からすると、診察の時の獣医さんや看護師さんとは違う一面であったり、本来のその人らしさを見ることができます。そうすると獣医さんや看護師さんに対して親近感を持ってくれるので、診察の時にも打ち解けて話しやすい状態になります。

病院の診察以外の場で、お互いがお互いを知ることで、より良いコミュニケーションにつながるということです。

当たり前ですが、具合が悪い時、犬も猫もどこが痛いとか、辛いとかは言いません。獣医さんは必ず、飼い主さんとお話をして動物の具合の悪い場所を見付けて治療をしていきます。そのため、獣医さんと飼い主さんがうまくコミュニケーションを取ることは重要です。現代はネット社会。リアルなお付き合いが昔よりも薄い気がします。

そんな中、愛犬や愛猫を通して飼い主さん同士が知り合いになれるのもメリットになるのだろうと思っています。

また人でもそうですが、病院へ行くのってちょっと抵抗がありませんか？

私は健康オタクで健康に気を配っているためか体調を崩すことはなく、健康診断以外でほとんど病院へ行くことはありませんが、病院へ行くと、消毒薬の匂いや、病院の雰囲気、具合の悪そうな人たちを見るだけで気分が暗くなり、それだけで自分の具合もさらに悪くなってしまいそうになります（汗）。なので、できるだけ病院には行きたくない、と常々思っています。

動物病院も、そんなことはありませんか？

昔、私が飼っていた犬は散歩は好きでしたが、今日は病院へ行くのだとわかると、途端に歩くペースが遅くなり、病院へ入る時には無理やり引っ張らないと入らないような感じでした。

人の病院の場合、普通、病気になったから行く場所という感じですが、動物病院は病気になったから行くだけではなく、ワクチンや狂犬病の注射、ノミ、マダニ、フィラリアの予防などの場合にも行きますよね。

なるべくなら行きたくない動物病院ではなく、喜んで行きたいと思える動物病院になるために、待合室や診察室の雰囲気作りであったり、スタッフの対応にも気を付けるようにしています。

「うちのコ、今までの病院だと嫌がって入らなかったのに、ここの病院は喜んで入ろうとするんですよ！」と言われることもあります。そういう時にはちょっと嬉しいですね。

愛犬、愛猫との暮らしが安心でより楽しく過ごせるように、トリミング、ペットホテル、しつけ教室、歯磨き教室など、医療以外にも患者さん向けのサービスを行っていますが、その他にも、動物病院として社会貢献が少しでもできればとの想いで、様々な取り組みを行っています。

そのうちの一つが「古本でワンコを救おうプロジェクト」です。毎年、読書の秋の時期に行っているもので、読み終わって不要になった本を患者さんに呼び掛けて病院に持ってきてもらいます。一定期間かけて集まった本を私の友人の古本屋さんに引き取ってもらい、その収益金を犬・猫の保護団体へ寄付するというものです。毎年、数百冊の本が集まり、数万円という単位で寄付を行っています。

また動物病院ではよくあることなのですが、飼っていた犬や猫が亡くなり、使わなくなってしまったペットフードやオムツ、ペットシーツなどを病院で使ってくださいと持ってきてくれる方がいます。

以前は病院で使わせてもらったり、別の患者さんにあげたりしていたのですが、何か有効活用はできないだろうかと思い、これをチャリティバザーで販売することにしました。チャリティバザーの開催前には、お家で使わないペットフードやグッズなどを病院に持ってきてくださいと患者さんにも呼び掛けて協力してもらいます。そしてその収益金も犬・猫の保護団体へ寄付しています。

使わない物を持っている患者さんは不要なものを廃棄せずに再利用してもらえ、またそれを欲しい患者さんは安く手に入れることができ、そしてそのお金で犬や猫を救うことができる、みんなが笑顔になるチャリティバザーです。チャリティバザーは病院の待合室で行いますが、その時ばかりは、まるでセールの時期のペットショップのような感じになります（笑）。

西洋医学だけではない選択肢の多い医療を

動物病院らしからぬことばかりをお話ししてしまいましたが、動物病院なので、もちろん病気の治療もしています。

私は〝小さな身体に優しい医療を提供したい〟という想いが以前から強くあり、西洋医学以外の特殊な治療も行っています。鍼灸治療や漢方、オゾン療法、ホモトキシコロジー、抗ガン剤を使わないガン治療などがあります。また専門の先生に来てもらって、犬や猫の整体であったり、マッサージをしてもらうこともあります。

人と同じく犬や猫の寿命も延びてきて、心臓病やガンなど、長生きしたからこそ出てくる病気も増えてきました。

そして、それらの病気を治すために、人と同じような治療を行います。例えばガンであれば外科手術、放射線治療、抗ガン剤を使うこともあります。

しかし、ガンが見付かるのは、大抵は犬や猫が高齢になってからです。そうすると手術や放射線治療はなるべくしたくないという飼い主さんがほとんどです。手術も放射線治療も麻酔をかけなければできないからです。手術はうまくいきました、でも手術後、麻酔で内臓が悪化してしまったということだってあり得ます。最悪の場合、麻酔から醒めてこないことも。

また抗ガン剤も人と同様に副作用があります。抗ガン剤は犬、猫専用のものは少なく、ほとんどが人間の抗ガン剤を使います。人のガン治療を見てきている人などは、副作用を考えると小さな犬や猫に対して抗ガン剤は使いたくないという場合だってあります。そういった際、少しでも他に何かできることはないだろうかと思われる飼い主さんも少なくありません。そんな時に、うちの病院での治療を選択して来院される方もいらっしゃいます。

それではここで、うちの病院で行っている特殊な治療を説明していきましょう。

1 鍼灸治療

うちの病院で行っている西洋医学以外の治療として、一番、患者さんからのニーズが高いのが鍼灸治療です。

鍼灸治療以外にも推拿《すいな》、漢方を使ったりすることもあります。

犬や猫に鍼灸治療？　痛がったりしないの？　と知らない方は驚かれることも多いのですが、犬も猫もほとんどのコが嫌がらずに鍼灸治療を受けてくれます。嫌がるところか、気持ち良さそうにぼ〜っと目を細めてウトウトしているコもいます。

うちの病院では1日平均5〜6件、多い時には1日20件位が鍼灸治療の患者さんです。開業時から毎週火曜日を鍼灸治療専門の日として診察させていただいていますが、患者さんの増加に伴い、今では全ての曜日で鍼灸治療ができるようになっています。今までに延べ700匹位の犬・猫で鍼灸治療をさせていただきました。

鍼灸治療や漢方などは、一般的には大学の獣医学部では教えていません。そのため鍼灸治療や漢方を使用している獣医さんは、それぞれが勉強して治療をしています。

私も最初は独学と、妹が鍼灸師だったので教わったりして鍼灸治療をスタートさせました。その後、獣医さん向けの東洋医学の専門学校で勉強して獣医中医師1級、獣医推拿整体師を取得しました。

推拿というのは、術者の身体の一部（主に手）を使って、振動や摩擦、圧迫などの刺激を適度に与え、身体の生体反応を引き起こして病気の治療や予防を行う手技療法です。中国では鍼灸治療、漢方と並ぶ3大医療の一つで、数千年の歴史がある治療法です。薬や器具を使わない手技のみの施術のため安全で様々な病気に対して使用でき、しかも即効性もあります。鍼灸治療と同様に人で行われているものですが、犬や猫にも効果はあります。

推拿はリラクゼーション作用も強いため、緊張してやってくる犬や猫のために、私はまず推拿をしてから鍼灸治療を行っています。

鍼灸治療や漢方を使っている動物病院はまだまだ少ないのが現状です。そのため遠くから東洋医学の治療をしたいといって来られる方が多いです。

鍼灸治療は東洋医学なので、西洋医学とそもそも考え方が異なります。西洋医学の場合、様々な検査をして病気の場所を突き止め、その部分を治します。また病名が決定すると治療方法や薬は大概、決まっています。

一方で東洋医学では、あまり病名にはこだわりません。東洋医学では、望診、聞診（嗅診、聴診）、問診、切診（触診）の四診を総合して、そのコの「証」と呼ばれる病態を見極めて治療を行います。

望診とは、視覚を使って犬や猫の全身の状態、体格、姿勢、被毛の状態などを観察することです。また舌診といって、西洋医学ではあまり見ることが少ない舌の様子も診たりします。犬や猫の場合、人間のように簡単に口を開けてくれなかったりするので、無理のない範囲で観察をします。

聞診とは、聴覚と嗅覚を使って、鳴き声だったり、呼吸の音や咳の音を聞いたり、口臭や排泄物のにおいを嗅ぐことです。

問診では、今までの病歴や今回の病気がいつから始まったか、食欲や尿や便の様子、睡眠の様子、家でのそのコの様子や性格なども聞きます。

切診とは、いわゆる触診のことで、身体に触れて体表温度の違いを診たり、痛みを感じる場所、凝っている場所などを診たりします。東洋医学では特に脈の状態を診る「脈診」も重要視しており、犬や猫の場合は内股で脈を診ます。

また治療についても病気の場所、その部分を治すというよりは身体全体を対象として良くしていくような感じです。東洋医学では（目には見えないですが）、「氣」が身体を流れていると考えます。その氣の通り道にあるツボ（経穴）に鍼で刺激を加え、氣の流れを良くして治していくのが鍼灸治療のやり方です。痛みがある場合などは、氣の流れが滞っていると東洋医学では考えます。全体を良くしていく東洋医学の治療では、例えば椎間板ヘルニアで歩けないので鍼灸治療をしていたら、椎間板ヘルニアが良くなって歩けるようになるだけでなく、もともとそのコが持っていたそれ以外の持病も良くなることがあります。

鍼灸治療は様々な病気の治療として行うことがありますが、特に高齢になってからの足腰の衰えや椎間板ヘルニアなどに有効です。また慢性的な下痢であったり、慢性腎臓病などの慢性疾患にも有効です。

鍼灸治療で使う鍼は予防注射で使う針よりも断然、細いため痛みもほとんどありません。ちなみに鍼は動物用のものはないので、人間の鍼灸治療で使う鍼を使います。お灸も動物用のものはないため、人間用のお灸を使います。うちの病院でお灸をする場合は、長生灸《ちょうせいきゅう》といって犬や猫の身体に直接載せるお灸を使用しますが、家で飼い主さんが行う場合には、動いたりして危ないこともあるので棒灸といって棒状のお灸で、身体に近づけて温めるお灸を使用してもらいます。

うちの病院に来る患者さんは、「椎間板ヘルニアでかかりつけの獣医さんに手術を勧められたけど、手術はしたくなくて」と言ってやってくる方も多いです。

今はネット社会なので、かかりつけの獣医さんから言われたけど、他に治療法はないだろうかとネットで調べて鍼灸治療に来られる方もいます。

椎間板ヘルニアは首だったり、腰だったり、様々な場所で起こることがありますが、胸から腰に移行する部位や腰で起こることが多いです。

腰で起きる椎間板ヘルニアにはグレードが1〜5まであります。

グレード1が一番軽いヘルニアで、痛みだけがありますが、何とか歩行はできる状態です。グレード2になると、歩けるけれど後肢の神経反射に異常が見られ、歩いていると後肢先がひっくり返ったりします。グレード3では後肢が麻痺して起立することが困難になります。グレード4になると後肢が完全に麻痺して立つことは全くできなくなりますし、また排尿も自力ではできなくなってきます。グレード5になると痛覚が消失してしまいます。例えば、グレード5の犬の後肢を刃物で切って血を出したとしても痛みも全く感じることがなく、無反応という状態です。

椎間板ヘルニアの治療には内科治療と外科治療があります。内科治療というのは運動制限であったり、痛み止めの薬などによる治療で、外科治療が手術で治すというものになります。

一般的に西洋医学においては、グレード3以上は外科治療が推奨されています。またグレード1、2だったとしても、内科治療に反応が認められない場合や悪化が見られた場合には外科治療が推奨となります。

うちの病院に鍼灸治療を求めて来院されるコはグレード1のコからグレード5のコまで様々です。また犬種的にはミニチュアダックスが圧倒的に多いですが、トイプードルやシーズー、ペキニーズなどの犬種もいます。

では鍼灸治療は椎間板ヘルニアに対して、どの位の効果があるかというと、グレード4までの椎間板ヘルニアでは、およそ8～9割が良くなっています。この回復率は手術をした場合と同じ位だと思います。グレード5でも鍼灸治療で良くなるコはいますが、良くなる可能性はグッと低くなり5割位だと思います。外科手術の場合も5〜6割と言われているので、さほど変わりはないかと思います。

実際にうちの病院の鍼灸治療で椎間板ヘルニアが良くなったコをご紹介します。ミニチュアダックスの男のコ、福ちゃん（7歳）です。

椎間板ヘルニアになり、後肢が麻痺して全く立てなくなり、かかりつけの動物病院で2か月ほどステロイドと18回のレーザー治療を行ったのに改善が見られず、うちの病院に来院されました。埼玉県にお住まいのため、片道1時間半以上もかけてうちの病院までお越しいただきました。

来院時、ステロイドの影響で福ちゃんの筋肉は薄くなっていて、自力で立つこともできない状態でした。

しかしながら初回の鍼灸治療の3日後には、頼りない状態ながらも立つことができるようになり、1週間後の2回目の鍼灸治療の後、歩くことができるようになりました。しっかり鍼灸治療を続け、5回目の鍼灸治療の後には走り回ったり、とても元気に過ごせるようになり、筋肉も戻ってきました。今では椎間板ヘルニアになる前とほとんど同じ状態となっています。

福ちゃんのように、一般的な動物病院ではステロイドをよく使用しますが、うちの病院での椎間板ヘルニア治療の特色として、ステロイドを使用することはほとんどありません。小さな身体になるべく優しい治療をしたいという想いで副作用のあるステロイドではなく、漢方や後述するドイツの自然療法のホモトキシコロジーの薬を使っています。

またそのコの症状に合わせて、オゾン療法やレーザー治療、酸素カプセルなどを併用することもあります。

鍼灸治療は、先ほどもお伝えしたように行っている病院はまだまだ少ないです。その存在を知らずに、かかりつけのお医者さんの意見に従い手術をし、結局その後もうまく歩けないため鍼灸治療で何とか良くならないだろうかと来院される方もいます。以前にヘルニアを起こしてその時は薬を飲んで治ったけれど、またヘルニアになってしまった、という犬もいます。

鍼灸治療は椎間板ヘルニアに対して非常に効果的ではありますが、それは手術をしていないという前提があってのことです。手術をしている場合だと、その後、鍼灸治療をしたとしても、手術をしていないコに比べて鍼灸治療の効果はかなり落ちます。効果が出ない場合もあります。これは一説には、手術をすることで氣の流れを切っているからだとも言われています。

鍼灸治療で改善する見込みがあるのかどうか、1回の鍼灸治療では判定ができないので、うちの病院では最初の時は1週間ごとに3回の鍼灸治療を勧めていて、その間に改善の見込みが全く見られない場合は、残念ですが鍼灸治療で良くすることは難しいでしょうとお伝えしています。

うちの病院の患者さんで、2度、椎間板ヘルニアになってしまい2度、手術をした後、また椎間板ヘルニアになってしまい、もう手術はしたくないので何とか鍼灸治療で良くして欲しいと言って来院されたミニチュアダックスちゃんがいます。幸いにして、そのコは鍼灸治療の効果があり、現在はとても元気にしていて、再発防止のために1か月に1度メンテナンスで鍼灸治療を続けています。

このコのように2度、手術をしているのに鍼灸治療の効果がある例は稀ですが、椎間板ヘルニアは再発することも多い病気です。再発防止のための鍼灸治療も効果が期待できるので、椎間板ヘルニアになってしまったコの場合、良くなってからも1か月に1度のメンテナンスをうちの病院では勧めています。

また病気の治療というだけではなく、健康維持として使用することもできるので予防的に月1回位、鍼灸治療をしているコもいます。何事もそうですが、治療するよりも病気にならないように予防することはとても大切だと思います。

●全国で鍼灸治療が受けられる病院

鍼灸治療を受けたいけれど、住んでいる所が関西でうちの病院までは行けないので、どこか鍼灸治療ができる病院を教えてもらえませんか？　なんていうお問い合わせをいただくこともあります。

以下のホームページに私が鍼灸治療を学んだ学校の同級生たちの病院が載っていますので、お近くで鍼灸治療を希望の場合には参考にしてください。

一針多助〜動物のための鍼灸漢方広場〜　http://shinkyu-pet.com/index.html

2 オゾン療法

オゾン療法とは、様々な効果があるオゾンガスを体内に取り入れる治療です。もともとヨーロッパ、特にドイツを中心に人の医療において行われています。日本でも医療現場でオゾン療法は行われています。

オゾンガスには以下の効果があります。

- 細胞の代謝を活性化
- 免疫系の調整作用
- 生体系の抗酸化を調整
- 消炎鎮痛作用
- 血小板凝集阻害作用（血栓症の予防）

このような様々な作用があるため、人においてはガン患者の治療の一環として行われることもあります。またアンチエイジングとして芸能人が受けることもあるそうです。

私は人のオゾン療法に興味があったので、ある時、都内の病院で受けました。私自身は、オゾン療法を受けたすぐ後に、循環が良くなって身体がポカポカと温かくなっているのを感じました。また視界がクリアになった感じもしました。

人の場合は、一般的に血液を採取し、その中にオゾンガスを入れてまたその血液を体内へと戻します。オゾンガスを入れた後の血液の色が明るい赤色になるのをその時に見せていただきました。

動物の場合では、同じようなやり方をすることもありますが、注腸法といってオゾンガスをお尻から入れる方法でも同様の効果が期待できるため、簡易な注腸法を利用することが多いです。オゾンガスを入れるだけですから、あっという間に終わるし、痛みなどの苦痛もありません。初めてオゾン療法を受ける患者さんの場合、あまりの早さにビックリして、もう、終わったんですか！　と驚かれることもあります。

オゾンガスの効果は個体差があるようで、大概は何回か行ってから効果が表れるのですが、即効性があるコの場合だと「オゾン療法をした後は元気が良くて」と言われることもあります。

オゾン療法が推奨される疾患としては、アレルギーやアトピーなどの皮膚疾患、痛みを伴うような神経疾患、関節疾患、消化器疾患、外耳炎、腫瘍、感染症、心臓病、慢性腎臓病、自己免疫疾患など多岐にわたります。

うちの病院では主に、消炎鎮痛作用を狙って椎間板ヘルニアや腰痛のコに鍼灸治療と一緒に行うことが多いです。また慢性疾患で西洋医学と併用で使用することも多いです。オゾン療法は副作用の極めて少ない治療法なので、特に免疫力が低下した高齢の犬や猫ではおススメの治療です。

大体の場合、オゾン療法だけを行うことは少なく、この後にご紹介するホモトキシコロジーなどと組み合わせて行っています。

オゾン療法を行う場合、週に1~2回での治療を基本的には勧めていますが、症状によっては2週に1回の治療の場合もあります。

またオゾンは殺菌力が強いため、オゾンが入ったオイルを皮膚炎や外耳炎に使用することもあります。西洋薬の消毒薬だとなかなか改善しなかったのが、オゾンオイルであっという間に良くなることも珍しくはありません。またオゾン入りの歯磨きジェルもあるので、うちの病院では歯磨きの際におススメしています。

うちの病院でオゾン療法を受けて、症状が改善したコをご紹介します。

まずは日本猫のにゃんぐちゃん（1歳）です。

にゃんぐちゃんはもともとお寺にいた野良猫で、10日間ほど姿が見えなくなり心配していたところ、大きな鳴き声がして見に行ったら両足を骨折していたとのことです。近くの動物病院に連れて行ったところ、おそらく交通事故での骨折で、骨折してから時間が経っているようで治療が困難、本来なら断脚または安楽死の選択もあると言われたそうです。頑張って戻ってきてくれた命を何とかしたいとのことで、現在の飼い主で、当時、お寺に住んでいた方が大学病院に連れて行ったそうです。

大学病院で骨折の手術をし、左足は良くなったのですが、治療中、右足の骨の再生がうまくいっていないことがわかったとのことです。右足については骨の再生医療の手術を勧められたそうですが、手術は高額なお金がかかるとのことでした。そこでお寺で呼びかけてカンパを集めて、何とか手術を受けることができたそうです。しかしながら手術の時に骨への感染が見付かり、今後、骨が良くなるかどうかは何とも言えないと言われ、免疫力向上を期待して、うちの病院にオゾン療法のために来院されました。

週1回、オゾン療法を受けてもらい、少しずつ骨の再生が見られ、現在ではしっかり骨が再生して普通の猫と同じように走ったりすることができるようになりました。

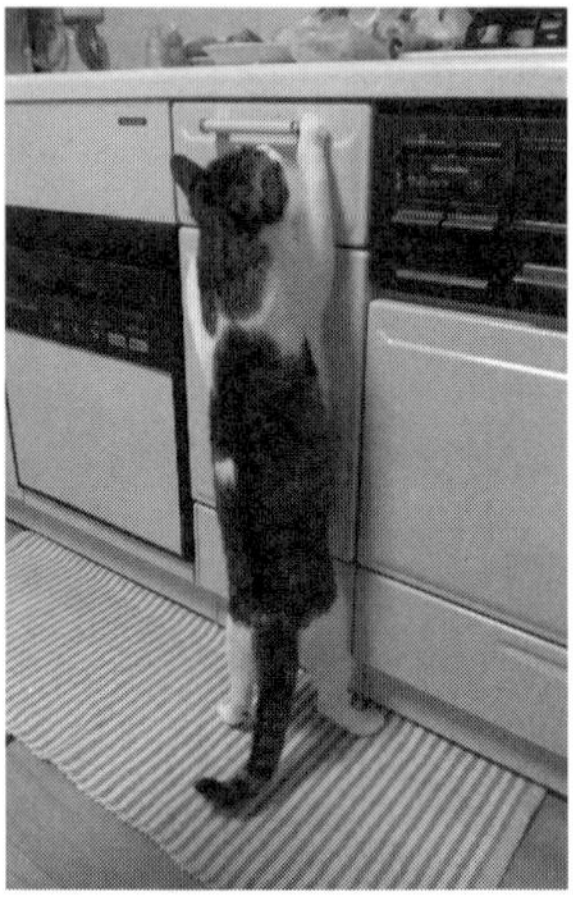
現在の元気な姿のにゃんぐちゃん

もう一例は、日本猫のカイちゃん（14歳）です。

かかりつけの動物病院で血液検査をして、低血糖が見付かり、原因はインスリノーマという膵臓の腫瘍の可能性が高いため大学病院を紹介されたそうです。

高齢のカイちゃんに負担がかかるCT検査や開腹検査をしたくなく、何か他の治療がないだろうかと必死に探していたところ、うちの病院を見付けて藁にもすがる思いで来院されたとのことです。

飼い主さんと相談をして、オゾン療法と後述するホモトキシコロジーの注射を定期的に行っていくことにしました。

治療を始めて約1年が経ちますが、恐れていた低血糖による発作は1度も起きていません。もしかしたらインスリノーマではなかったのかもしれませんが、血糖値はずっと安定しています。

また3年以上も苦しめられた慢性膵炎による嘔吐と下痢が、カイちゃんにはありました。一時は体重が1・5キロも減ってしまったそうです。治すために胃腸薬やステロイドなど様々、行ってきたそうです。飲ませている時には症状が落ち着いていても薬をやめるとダメで、特に換毛期の時はひどく、慢性膵炎も治る病気ではないと諦めていたそうです。

飼い主さんとしては、低血糖の発作が起きなければそれで良いと思っていたそうですが、驚いたことにうちの病院で治療を始めてから慢性的な嘔吐や下痢も徐々に良くなり、今では薬を飲ませることもほとんどなくなり、体重も元に戻りました。換毛期も無事に過ごすことができました。

カイちゃんには同居のリュウちゃんという猫さんもいます。リュウちゃんもかかりつけの動物病院で肝臓が悪いということで治療をしていましたが、カイちゃんと同じくオゾン療法とホモトキシコロジーの注射で現在、とても元気にしています。

3　ホモトキシコロジー

ホモトキシコロジーとはドイツで生まれた自然療法の一つで、ドイツ人の医師、ハンス・ハインリッヒ・レケベック博士（1905年－1985年）が確立した医学理論です。

ホモトキシコロジーでは、病気は生体にとって有害な毒素（ホモトキシン）によって引き起こされると考えます。人や動物は生きていると内的、また外的に様々な毒素を受けますが、健康であれば身体は肝臓や腎臓などの様々な排泄臓器から毒素を排泄します。しかし、ストレスや環境要因によって毒素が排泄されなくなると病気として現れると考えます。ホモトキシコロジーでは、この毒素であるホモトキシンの解毒と排泄を促し、生体がもともと持っている自己治癒力を刺激しバランスを取り戻して回復するよう導きます。

ホモトキシコロジーの大きな特徴として、副作用がほとんどない極めて安全な治療であることがあげられます。西洋医学の薬の場合、子犬や子猫には副作用があるので使えないということがありますが、ホモトキシコロジーの場合、そういったことはありません。また高齢だったり、ガンの末期の状態でも使用することができます。

ホモトキシコロジーで使用される製剤には、錠剤や液剤、注射液、軟膏などがあります。

錠剤はラムネのような感じで苦い味が全くしないため、薬を嫌がる犬や猫でも使いやすいのが特徴です。

また注射液には様々な種類があり、そのコの今の症状に合わせて5種類位ミックスして投与することができます。いわゆるオーダーメイドのお薬が作れるという感じで捉えてもらうと良いかもしれません。点滴治療が必要なコの場合、その点滴の中にホモトキシコロジーの注射液を入れて使用することもできます。

病気によっては犬や猫の場合、皮下補液といって、皮膚の下に点滴をすることがあります。やり方を教えて皮下補液をお家で飼い主さんにやってもらう場合もあります。そんな時にホモトキシコロジーを入れた点滴を使ったりすることがあります。

注射液を飲ませて使用することができるのもホモトキシコロジーならではの特徴です。例えば、通院するのがストレスになってしまうコの場合や、具合が悪くて病院に連れてくるのが負担になってしまう場合などには、そのコの症状を伺って注射液を作って、飼い主さんにお家で飲ませてもらうこともあります。


ホモトキシコロジーが使える病気は、循環器疾患、呼吸器疾患、消化器疾患、泌尿器疾患、皮膚疾患、神経疾患、骨・関節・筋肉の疾患、精神疾患、腫瘍など多岐にわたります。また西洋医学の薬との併用も可能ですし、抗ガン剤を使っていた場合、副作用を軽減することも可能です。

うちの病院では様々な病気でホモトキシコロジーを使用し、全く使わない日はない位ですが、その中でも圧倒的に多いのが慢性腎臓病の犬や猫での使用です。特に猫では高齢になると慢性腎臓病になることが多いですが、慢性腎臓病になってしまうと腎臓移植でもしない限り、元に戻すことはできません。人のように腎臓移植というのは犬や猫では一般的ではありません。そこで病気でダメージを受けた腎臓をいかに良い状態で長く保つかが治療のカギとなります。腎臓病になってしまった時、西洋医学と併用してホモトキシコロジーを使用することで確実に西洋医学だけで治療をするよりも良い状態を長く保ってくれると思います。鍼灸治療と同様にホモトキシコロジーを使っている病院も少ないため、慢性腎臓病の患者さんで遠くからお問い合わせをいただくこともあります。

また前述したオゾン療法との相性も良いため、ホモトキシコロジーとオゾン療法を組み合わせて使用することも多いです。

ホモトキシコロジーの威力を一番感じたのは、実は私の猫、「ちびた侍」が慢性腎臓病になった時でした。

ちびた侍はちょっと変わった猫でした。少しだけちびた侍との思い出をお話しさせてくださいね。私が彼と出会ったのは私がまだ獣医師として駆け出したばかりの頃でした。当時、私は玉川上水の近くのアパートに愛犬（チェル）と、愛猫（キャロル）と共に暮らしていました。仕事が終わって夜の散歩をチェルと一緒にしていた時、玉川上水脇の遊歩道に何か動くものがいることに気付きました。近付いてみるとそれは、子猫でした。近くに母猫は見当たりません。母猫とはぐれたのかしら？　と思っていると、その子猫はチェルに気付き、チェルの後を追ってきました。しかし野良猫だし、連れて帰る訳にもいかないので、後ろ髪を引かれる思いをしながら家に戻りました。

　家に着いてからもその子猫のことが気になり、私はどうにも落ち着きませんでした。遊歩道とはいえ、すぐ横には車も通る道があります。夜だし、間違えて車に轢かれてしまうかも、と心配になった私は、1人でまた、その子猫がいた場所に小走りで向かいました。すると、そこには自転車からおりて草むらを触っている人がいました。あ、子猫を助けてくれるかも、そう思った私は遠くから眺めていたのですが、すぐにその人は自転車に乗ると立ち去ってしまいました。

　ダメだったかと思いつつ、その草むらへ駆け寄ると、そこには先ほど見た子猫がいました。とりあえず抱きかかえ、私は家へと連れて帰ってきました。家では見慣れぬ子猫に興味津々のチェルがいたので、とりあえず段ボールに入れてチェルがいない部屋に連れて行き、その子猫を見ると、明らかに様子がおかしいことに気付きました。先ほどは暗い草むらだったのでよくわからなかったのですが、どうも自分で動くことができないような感じなのです。

え？　どういうことだろうか？　さっき見た時にはチェルの後をついてきたのに。

そして子猫の目が揺れていることに気付きました。

眼振？　え、どうして。眼振が起きるのは普通、脳や神経の異常などがある時です。

子猫で眼振、動けないなんてウイルスの病気に違いない！　ウイルスを持っている子猫を拾ってしまった！　子猫なら病院に連れて行って里親募集をすればすぐに見付かると思ったのに、ウイルスを持っている子猫なんて里親募集もできない！　どうしよう。

焦った私は、夜遅くだというのに先輩の先生に電話をして泣きついてしまいました。事情を話すと先輩は「その子猫はウイルスじゃなくて、何らかの事故にあったんじゃないの？　だって、向後先生が最初に見た時には、普通に歩いていたんでしょ」と言いました。

冷静に考えると、確かに、そうだなと思いました。最初は普通だったのに、私が家に帰って、また子猫のところへ行くまでの間に子猫の様子は変わっていたのです。ウイルスであればそんなことはないでしょう。車に轢かれたほどの大きな外傷は見当たらなかったので、もしかしたら私が見た自転車にぶつかってしまったのかもしれないと思いました。

「とりあえず、明日、病院に連れてきて色々検査してみたらいいと思うよ」。

そう言われて私も納得して、翌日、出勤する時に一緒に子猫を連れて行くことにしました。もしかしたら夜のうちに段ボールの中で亡くなってしまうかも、と思ったのですが子猫は何とか息をしていました。

病院に連れて行き、色々と検査をしたところ、子猫は貧血ではあるものの内臓の数値は問題なく、エイズや白血病などのウイルス疾患にもなっていないのがわかりました。ただ風邪をひいていて鼻水やら目やにがひどく、またノミやマダニも寄生していました。

野良猫にはノミが付いていることはよくあるのですが、マダニが付いていることは珍しいです。便検査をしたところ寄生虫も何種類かいました。2~3日では回復の見込みはなさそうだったので、とりあえず入院用の猫舎に子猫を入れ、玉川上水近くで拾ったので「玉川ちびた」と仮の名前を部屋のプレートには書いておきました。

寄生虫の駆除や必要な注射や点滴はしたのですが、子猫はだいぶ弱っていて自力では食べることもできない状態でした。拾った時に出ていた眼振は翌日には治まったのですが、なかなか起き上がることもできず、治るのだろうかと不安な日々を過ごしました。

そしておよそ1週間が経とうというある日、いつものように強制給餌をしようと缶詰を用意していたところ、子猫は自力でペチョペチョと舐め始めました。食べてくれた！　回復の兆しが見えなかった子猫が元気になってきた様子を見て、新米の獣医師の私はとても嬉しい気持ちになりました。そこからの子猫の回復は早く、ケージ内を動いたりするようにもなりました。しかしながら、神経のダメージのせいか、少し頭は傾き普通の猫ではありません。後遺症が残ってしまった子猫を誰かに譲る訳にもいかず、私が引き取り飼うことにしました。

ちびた、ちびたとスタッフに呼ばれていたので、名前はそのまま、ちびたという名前にしようかと思ったのですが、保護した時に適当につけた名前だったのが私は気になりました。そこで当時、流行っていた芸人の「ギター侍」（波田陽区さん）の名前の一部から、侍をもらって「ちびた侍」と改名して飼うことにしました。

ちびた侍は、侍と付けたのが良かったのか、スクスクと大きくなり体格もしっかりとした猫になりました。しかし、一つだけ普通の猫と違ったのが、後遺症のため、運動神経が悪く、高いところなどにはうまく登れないことでした。またよ～く見るとちょっと頭が傾いているのです。ただ、家族になってしまうとそんなことは気にもなりません。障害も他の猫とは違う、そのコの特徴と考えれば、可愛く見えてくるものです。

我が家で子猫の頃から犬と猫と暮らしたちびた侍は、犬を見ても驚くことがなかったため、私がこうご動物病院を開院してからは、時々病院に連れて行っていました。そして愛嬌のあったちびた侍を「営業部長」に任命しました。

ある日、健康診断のために血液検査をしたところ腎臓が悪いことがわかりました。ちびた侍が6歳の時です。腎臓が悪くなるにしては若かったので、見付けた時はショックでしたが、早くに見付けることができたので治療を早くスタートできると思い、その日からホモトキシコロジーの錠剤による治療を始めて、定期的に腎臓の血液検査をしていきました。

そして1年後、食欲が低下し血液検査をしたところ、腎臓の数値はかなり悪化していました。

そこからはホモトキシコロジーの注射も始めました。注射をスタートするとまた食欲が復活し、腎臓の数値も良くなりました。それから幾度となく具合が悪くなって、腎臓の数値は上下を繰り返していました。

具合が悪い時には、前足の血管から点滴治療もしていました。そういう場合は、前足を舐めないようにエリザベスカラーをしてケージに入れて治療します。そうするといかにも自分は「病猫」ですという表情になり、落ち込んでいるのがわかりました。

普段は病院内を好き勝手に歩き回っているので、それができなくなったストレスもあったのでしょう。毎回、点滴をする時にはそんな感じになるので、ある時期からストレスになる血管からの点滴治療はやめて、皮膚の下にその日の分の点滴液を一気に入れる皮下点滴にして、あとは本人の自由になるように過ごさせることにしました。ストレスがかからなくなった

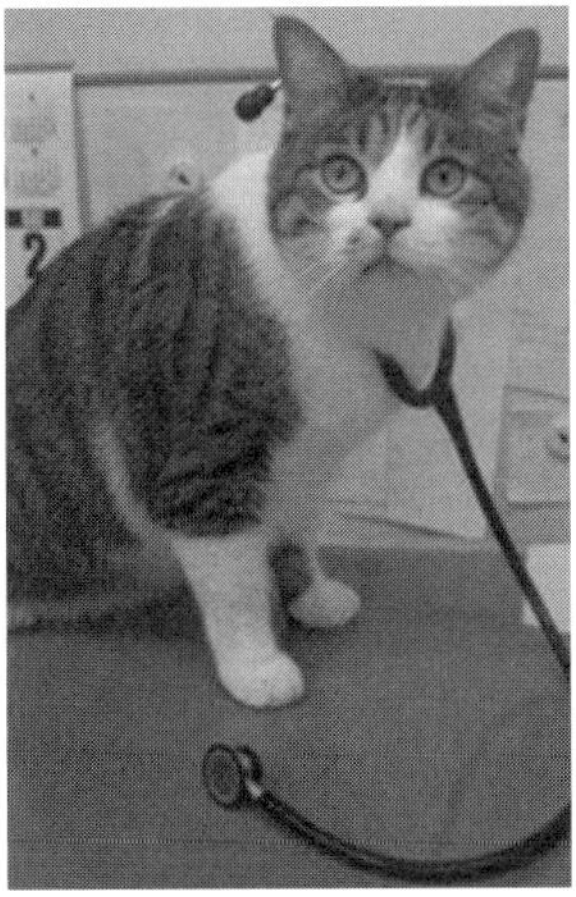

「営業部長」ちびた侍

ためか、ちびた侍の表情も幾分元気になってきました。

腎臓の数値と状況から、西洋医学だけの治療ではそんなに長くはないだろうということは推測していましたが、ホモトキシコロジーを併用して使うことで、私の想像以上にちびた侍は頑張ってくれました。

本来なら、この位、腎臓が悪くなると食べられなくなるのではという状態になってからも、細々とですが、好きなものは食べてくれたりしました。心配だったので毎日、私と一緒に出勤をして病院内では私の椅子によく座っていたりしていました。天気の良い日には病院前の花壇の横で紐を着けて日向ぼっこをすることもありました。

そして腎臓の治療をスタートしてから3年後の中秋の名月の日に、ちびた侍は天国へと旅立っていきました。

腎臓病の最後は尿毒症の症状が出て、痙攣を起こしたりすることもあるので覚悟していたのですが、苦しむことも全くなく旅立ちました。ホモトキシコロジーの治療をしていると、不思議なことにほとんどのコが苦しまずに旅立っていきます。それは命の炎がスッと消えるかのごとく、命を使いきるという感じでしょうか。

うちの病院ではホモトキシコロジーの治療を求めてくる患者さんも多いのですが、もともとのうちの病院の患者さんでも、ホモトキシコロジーをご存じない方も多くいます。そういった方たちにも治療が必要になった時には、西洋医学の治療法もあるけれども、こういった自然療法の治療もありますということを伝えて、その方が望まれる治療を選択するようにしています。うちの病院では、ホモトキシコロジーなしでの治療はもう考えられない位、毎日の診察の中で使用されています。

4 バッチフラワー

バッチフラワーとは、イギリスの医師、エドワード・バッチ博士（1886年－1936年）が提唱した、花やハーブのエネルギーを使った「癒やしのシステム」です。病気は精神や心の不調から起こると考えた博士は、野生のハーブに心や感情を癒やす力があることを発見し、1936年にこれを完成させました。現在では、世界70もの国で広く使用されています。

バッチフラワー発祥のイギリスでは王室でも使用され、かのダイアナ妃も利用していたそうです。医師や看護師などの医療関係者が使うこともあり、日本でも多い精神疾患、例えば、鬱病の治療補助として使われることもあります。

犬や猫も当然のことながら、人間と同様に感情を持っています。

バッチフラワーはストレスなどで傷ついた犬や猫のココロや感情に働きかけ、心身のバランスを整えて、本来の元気な状態を取り戻すのに役立ちます。

犬や猫においては、過去のトラウマが原因で大きな音が苦手だったり、様々な理由で不安があったり、飼い主さんと離れると問題行動を起こすコなどに使用することが多いです。

西洋医学の場合、鎮静剤を使って問題行動を治すこともありますが、薬の場合、副作用もあります。バッチフラワーの良いところとして、副作用は全くなく使用できることです。人であれば赤ちゃんから高齢者まで、妊娠中や病気の治療中でも安心して使えます。まだまだバッチフラワーを知っている人は少ないので、お花のエネルギーで作った副作用のない精神安定剤のようなものです、と説明することもあります。

バッチフラワーで使われるのは、37種類のお花と1種類の岩清水から作られた、バッチフラワーレメディと呼ばれる液剤です。その時のメンタルの状態に合わせて7種類までレメディを選ぶことができます。選んだものを各2滴ずつ小さなボトルに入れて、ミネラルウォーターを入れて出来上がります。これをトリートメントボトルと言い、それを1回4滴、1日4回以上摂取します。

バッチフラワーというとアロマのように香りがある液体を想像される方が多いのですが、香りは全くありません。花のエネルギーが転写されたものだからです。

バッチフラワーについては、実はずいぶん前から私は自分自身のメンタルコントロールに使っていました。自信のなさやイライラしやすいことに対して、何とかしたいと思って半信半疑で使い始めました。

最初の頃はそんなに効果を感じていなかったのですが、あることがきっかけでバッチフラワーを使った時、驚くべき出来事が起きて、そこからしっかりバッチフラワーを学んで犬や猫にも使用するようになりました。

その出来事とは、私がこうご動物病院を開院してしばらく経ち、地域貢献をしたくて青年会議所に入会した時のことです。

青年会議所は、明るい豊かな社会を作るために活動する20歳〜40歳までの若者の団体で、主にその地域に住む人や働く人たちが加入しています。私が多摩青年会議所に入会して3年経ち、その年の理事長になった時にその出来事は起こりました。

ある議案に対して私はメンバーとものすごくもめることになり、いい大人だというのに、互いに引くことができず電話で大喧嘩をしてしまいました。相手は同じ年齢の女性でした。翌日になっても私の怒りは収まりませんでした。ちょうど、その日の昼に猫のバッチフラワーのカウンセリングの予約が入っていました。当時はバッチフラワーのカウンセリングは、カウンセラーをしていた私の友人が来てくれて行っていました。

カウンセリングが終わった後、私は友人に打ち明けました。今日の夜、青年会議所で集会があり、私は体面上、その女性とうまくやっていかなければならない状況だけど、ハラワタが煮えくり返って、どうにもならないと。すると話を聞いた私の友人は、コレとコレとコレね、と言ってレメディを選び、私のためにトリートメントボトルを作成してくれました。

藁にもすがる思いで、私はそれを4滴、口に入れました。

すると、どうでしょう。

しばらくしたら、あれだけイライラしていた私の気持ちが静かな海のように静まり返りました。そして、喧嘩をした相手のことを考えたら、何だか彼女が可哀そうに思え、涙が出てきました。自分の心境の変化に、本当にビックリしました。心が洗われるってこういうことなんだと思いました。バッチフラワーのすごさを見せ付けられて私は、この時から自分でもカウンセリングができるようにとバッチフラワーの勉強を始めました。

うちの病院でバッチフラワーカウンセリングをして、落ち着いた毎日を過ごせるようになったコを紹介します。

高齢になり不安の多かった生活がバッチフラワーで良くなったチワワのマナちゃん（14歳）です。

以前からバッチフラワーレメディの存在は知っていたそうですが、マナちゃんが13歳を過ぎた頃から、体調や行動パターンにこれまでにないような変化が増えたため、バッチフラワーカウンセリングを考え始めたそうです。

マナちゃんが大好きな旦那さんがいない時に遠吠えをするようになり、またほぼ同時期に頭部に何らかの疾患が疑われるとかかりつけ病院で診断を受け、マナちゃんが落ち着いて生活ができるようになれば、ということでバッチフラワーレメディを希望されました。

普段のマナちゃんの様子や行動についてお話を伺い、飼い主さんと一緒にマナちゃんの状況を掘り下げて考えてレメディ選びをしました。マナちゃんは落ち着きなく家中をうろついて、突発的に動いてテーブルの脚や壁に頭をぶつけることが多い状態でしたが、バッチフラワーレメディを使い始めて、うろつきや突発的な行動が少なくなったようだとのことです。そしてレメディを始めて2週間過ぎた頃から、旦那さんのいない時に遠吠えをすることがほとんどなくなり、全体的に落ち着きつつある状況だそうです。

マナちゃんは薬や錠剤のサプリメントは特に嫌がってしまうとのことですが、バッチフラワーレメディだけは大人しく飲んでくれているので、自分に合っていると思っているかもしれないとのことです。

根本原因が加齢によるものなのか、精神的なものなのか、何らかの疾患によるものなのか特定はできていませんが、少しでもマナちゃんが穏やかに心地良く日々を過ごせるよう、バッチフラワーレメディに期待してこれからも続けていこうと思っているとのことでした。

うちの病院では、犬や猫のためにカウンセリングをしてトリートメントボトルを処方することがほとんどですが、もともとは人のメンタルトラブルのために作られたものなので、飼い主さん自身がバッチフラワーのことを知って、自分でも使用してみたいので処方してくださいと頼まれることもあります。

犬や猫が幸せに暮らすためには飼い主さんが幸せであることが大前提だと私は思っているので、そういった依頼があった時には喜んでお話を伺って処方しています。

以前にあったのが、トイプードルを飼っている飼い主さんからのご相談です。小学生の息子さんが不登校なので何とかして欲しいと頼まれて、カウンセリングをさせていただきました。本来なら、本人である小学生の男の子に話を聞いて処方するのですが、この時はお母さんからのご相談だったので、お母さんと色々お話をして息子さん用に処方しました。

動物のカウンセリングの場合も全く同じで、動物の気持ちは正確なところはわからないので、飼い主さんのお話から推測して処方していきます。

トリートメントボトルを処方してしばらく来院されなかったのですが、トイプードルちゃんのワクチンで来院された時に、息子さんのお話を聞くことができました。息子さんは今ではとても元気になって学校に通っていて、部活も楽しんでいるとのことでした。カウンセリングの時には聞いていなかったのですが、息子さんは学校に行くのが嫌で自殺したいと言っていたそうです。そんなに悪い状態からとても良くなっていたので、カウンセリングをした私の方が驚きました。

現代の日本においては、鬱病などのココロの病に悩む人は若者から高齢者まで多くいると言われています。病院に行って鬱病と診断されていない「隠れ鬱」の方も多くいるでしょう。人と一緒に暮らす犬や猫においても、飼い主さんの影響もあるのかもしれませんが、不安定な精神状態のコが増えているように思います。飼い主さんもそして一緒に暮らす犬や猫のココロも、安定した良い状態に副作用なく導くバッチフラワーは、今後も活躍することと思います。

5　抗ガン剤を使わないガン治療

一般的なガン治療は手術、放射線治療、抗ガン剤の投与ですが、高齢になってガンが見付かると、手術をする方が負担になったり、麻酔をかけての放射線治療は抵抗があったり、副作用のある抗ガン剤は使いたくないと言われる患者さんも少なくはありません。

そんな時、何か他にできることはないだろうかと相談された場合、うちの病院では前述したオゾン療法やホモトキシコロジーを使うことが多いです。

また人でも副作用のない抗ガン治療として知られている「高濃度ビタミンC」点滴治療をすることがあります。

高濃度ビタミンC点滴とは、ノーベル賞を2回受賞したライナス・ポーリング博士

（1901年－1994年）によって発見されたガン治療です。すでに人の医療においては欧米をはじめ、日本でも様々なガンで治療効果が認められています。

私は主に医師、歯科医師達で作られた「点滴療法研究会」という会に所属して、高濃度ビタミンC点滴について学びました。

ガン細胞は糖を栄養として取り込みますが、糖と構造が類似したビタミンCを点滴することでビタミンCを取り込みます。その際、毒性のある過酸化水素がガン細胞内で発生しますが、正常細胞は過酸化水素を分解する酵素を持っているので影響はありません。ガン細胞は過酸化水素を除去する酵素が乏しいため結果として死滅します。「高濃度ビタミンCは正常な細胞に影響を与えず、ガン細胞だけを殺す、副作用のない理想的な抗ガン剤である」と米国国立衛生研究所や米国国立がん研究所などによって発表されています。

高濃度ビタミンC点滴はガン治療だけでなく、免疫力を向上する作用もあり、また細胞の活性化による若返り効果を促進することから、人においてはアンチエイジング治療として使用されることもあります。

高濃度ビタミンC点滴治療をするに当たっては、G6PD遺伝子に異常があると副作用として溶血を起こしてしまうため、遺伝子異常があるとできません。そのため、高濃度ビタミンC点滴治療を行う場合には、必ず血液検査で遺伝子異常がないかどうかを確かめてから行います。

人では末期の心不全、高度の腎機能低下や透析中の患者さんの場合、高濃度ビタミンC点滴治療をすることで、病状が悪化する可能性があるので、一般的には禁忌とされています。また胸水や腹水が多量に溜まっていたり、頭蓋内に腫瘍がある場合も、慎重に投与するよう指示されています。

うちの病院でもそのような状態にあるような患者さんの場合には、高濃度ビタミンC点滴治療を無理にすることはありません。

高濃度ビタミンC点滴は週1～2回でスタートすることが多いのですが、点滴に入れるビタミンCの濃度は、最初は少ない量から始めて、様子を見ながら、回を重ねるごとに少しずつ上げていきます。

うちの病院では、人の高濃度ビタミンC点滴のプロトコールをもとに、動物の体重に合わせて量を計算、調整して行っています。

高濃度ビタミンC点滴は、抗ガン剤を使用していても併用して行うことができ、その際には抗ガン剤の治療効果を高める一方で、抗ガン剤の副作用軽減にも働きます。抗ガン剤と併用する場合には、抗ガン剤投与前、可能なら同日に投与するのが効果的とされています。ただし一部の抗ガン剤では、一定時間、間隔を空けた方が良い抗ガン剤もあるので、抗ガン剤を使用している場合は、必ず獣医さんに相談してからの方が良いかと思います。

ガン治療をするに当たっては、抗ガン剤の投与を他のかかりつけの動物病院で受けながら、うちの病院で高濃度ビタミンC点滴やオゾン療法やホモトキシコロジーなどを行う場合もあるし、抗ガン剤は使いたくないという場合には、うちの病院で特殊な治療のみを行う場合もあります。

またガンの種類や身体の状況によって手術をした方が良いのではないかと考えられる場合には、手術を勧める場合もあります。そのコの年齢や状態、ガンの種類に応じて、必ずしも抗ガン剤を使わないガン治療が一番良いという訳ではないということです。飼い主さんとはしっかりその辺をお話しして、どの選択肢を選んでいくかを決めていきます。

日々の食生活も大切なので、ガン対策用の食事指導をする場合もありますし、また在宅でできる補助治療として、免疫力を上げるサプリメントを処方して家で飲んでもらったりします。

かかりつけの病院でガンと診断されて、余命はこれ位でしょうと言われても、うちの病院で治療をしたり、かかりつけの病院での治療と併用してうちの病院でも治療を行って、もともと言われていた余命より長く、良い状態で過ごしてくれるコも多くいます。

うちの病院で抗ガン剤を使わないガン治療をしたコをご紹介します。

日本猫のさくらちゃん（18歳）は鼻に血管肉腫ができ、大学病院で放射線治療をひと通りして、抗ガン剤治療を始める時に何か免疫力を上げる治療を並行して行いたいということで、15歳の時に来院されました。

初めは大学病院で抗ガン剤、うちの病院でオゾン療法とホモトキシコロジーの注射を1〜2週に1度行っていたのですが、内臓の数値の悪化があり抗ガン剤を使用できなくなったため、高濃度ビタミンC点滴をスタートしました。

オゾン療法、ホモトキシコロジーの注射、高濃度ビタミンC点滴を組み合わせて治療をすることで、抗ガン剤を使用していた時には副作用も軽く済みました。現在、腫瘍の再発もなく、食欲もあり元気に過ごしています。

また毛づやも良くなり、もともとアレルギー体質だったのに、それも良くなったと飼い主さんからコメントをいただきました。

また、日本猫のくうちゃん（10歳）は食欲不振、嘔吐などがあり、かかりつけの獣医さんで調べてもらったところ、小腸に腫瘍が見付かり切除したそうですが、完全には切除できなかったそうです。

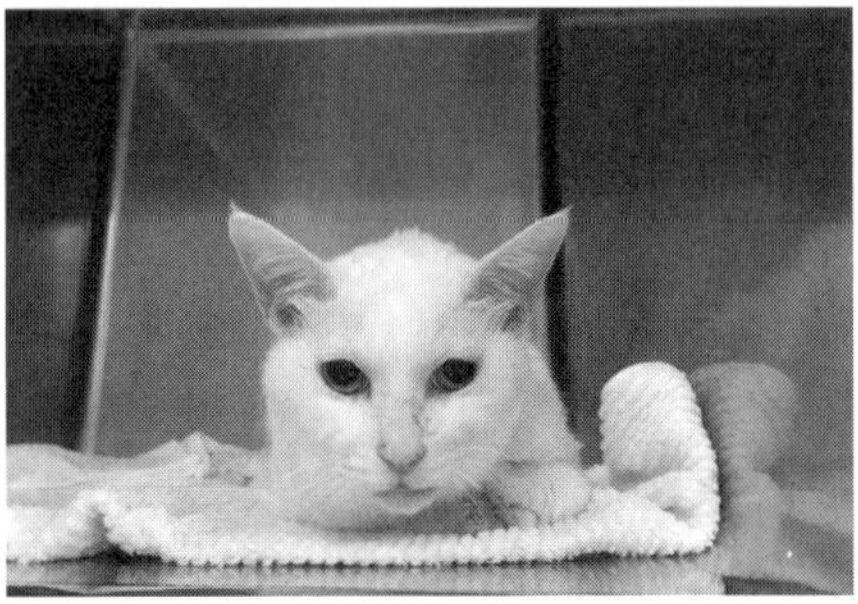

日本猫のさくらちゃん

腫瘍はリンパ腫で、その中でも悪性度がかなり高いもので、抗ガン剤治療を勧められたそうなのですが、抗ガン剤は使用したくないとのことでうちの病院に来院されました。

飼い主さんと相談をし、週1回のペースでオゾン療法とホモトキシコロジーの注射を行い、家では腫瘍に効果があるとされているサプリメントを飲んでもらうことにしました。かかりつけの獣医さんには、良くてあと1～2か月だろうと言われていたのですが、うちの病院に来院されてからおよそ9か月、良い状態を保ち、天国へと旅立っていきました。

ここまで、うちの病院で行っている特殊な治療をご紹介してきましたが、私はこのような治療を獣医として最初から行っていた訳ではありません。西洋医学だけの治療を行っていた時に、その限界だったり、薬の副作用で可哀そうな状態になっている犬や猫を見て、他に何か方法はないだろうかと思い、色々と探した結果、今日があります。

そして何よりも、こういった治療に私が目覚めたのは、ある1匹の猫との出会いがあったからです。

次章ではそのことを詳しくお話ししながら、私が現在の動物病院を開業するまでの経緯をお伝えしたいと思います。

Chapter 3

私が動物病院を開業した理由

拾った子猫の思い出

ここまで読んでいただき、私が「病気を治すだけではない動物病院」をかなり前から考えて開業したと思った方もいるかもしれません。ですが、私はそもそも獣医師になりたての頃は動物病院を開業しようとは、これっぽっちも思っていませんでした。

そんな私がなぜ動物病院を開業したのか？　実はやむにやまれぬ理由があったからなのですが、それをお伝えする前に、まずは私がなぜ獣医師になったのか、子供の頃にさかのぼり、そこからお話ししていきましょう。

子供の頃から、動物が大好きでした。

私は小学校の高学年まで埼玉県所沢市で育ちました。所沢は「トトロの森」がある位、緑豊かな土地で、私が子供の頃には野良猫や原っぱには野良犬が駆け回っているような時代でした。学校が終わり、帰り道に野良猫がいると、しゃがんでいつまでも猫を撫でていて、早く家に帰って来なさい！　と母親に叱られたりしていました。

近所の家である朝突然、庭で飼っていた犬が出産し、「子犬が産まれたのだけど飼ってもらえないかしら？」と言われたこともありました。子犬を見に行き両親に飼いたいと話しても、どうせ面倒が見られないからと言われて飼うことはできませんでした。

小学校3年生のある朝、登校途中に道路脇の竹林で段ボールに入れられた2匹の子猫を見付けました。このままにしたら可哀そう、拾ってあげなきゃ！　と思った私はその段ボールを抱えて登校しました。

突然やってきた、段ボールに入っている可愛い子猫達を見て、クラスメイトは喜んでいました。しかし学校に動物を連れて行っていい訳ではなく、「向後さん、ちょっといい？」と担任の先生に呼ばれて、叱られました。私は当時、とても大人しく真面目な目立たない子供でした。学校で先生に注意されたことも叱られたこともなかったので、初めて先生に、「学校に動物を連れてきちゃダメでしょ！」と叱られたことがとてもショックで、未だに記憶に残っています。

その日は仕方がなかったので、教室の片隅に子猫が入った段ボールを置いて授業を受けました。休み時間にクラスメイトが入れ替わり立ち替わり子猫を可愛がり、そのうちの1人の男の子が家で飼いたいと言ってくれたので1匹はそのコに渡しました。引き取り手がいなかったもう1匹は段ボールに入れたままで、私は学校が終わったら家に連れて帰り、自分で飼おうと思っていました。

事情を話し、可哀そうだからうちで飼ってあげたいと両親には伝えたのですが、うちでは飼えないでしょ！　と言われてしまいました。

野良猫だから、もとの竹林に戻すよりも野良猫がいる原っぱに戻した方がいいのではないか、という父親の考えのもと、泣く泣く子猫を原っぱへ連れて行って放しました。

そんな悲しい記憶を抱え、いつか大人になったら、犬や猫を飼いたいとずっと思っていました。

運命の猫との出会い

いるかいないか、わからない人。

子供の頃から大人しい子だった私は、たぶん周りからそんな感じに見られていたのではないかと思います。存在感がなく、人とコミュニケーションを取るのが苦手。自分から話しかけることもできない。だから友達もほとんどいない。私はいつも孤独を感じて過ごしていました。

そんな私に運命の出会いが訪れました。可愛らしい子猫との出会いです。

愛猫のキャロル

当時、私は東京の女子大学に通っていました。心理学を専攻し、将来はカウンセラーになるのが夢でした。私が大学1年生の時の冬の出来事です。旅行へ行くから預かって欲しいと父の友人から子猫を預かることになったのです！　1週間程度の旅行の間、預かっていましたが、父の友人は帰ってきた後、子猫はそのままあげると言って引き取りはしませんでした。

ずっと犬か猫を飼ってみたいと思っていたので、私はとても嬉しかったのを覚えています。我が家に正式に引き取られたのがクリスマスに近かったこともあり、その子猫は「キャロル」と名付けました。

キャロルは親友と呼べる友達もいない自分にとって、本当に大切な友達のようであり、また子供のようでもあり、私は大学が終わると飛んで帰ってきて、キャロルと一緒に過ごしました。

当時、両親の仕事の関係で私たち家族は都内のマンションに住んでいました。キャロルに少しでも外の世界を見せてあげたいと思った私は、首輪とリードを着けて近所の公園に一緒に散歩に行くこともありました。もちろん外の世界には慣れていない家猫なので、大体は抱っこをしていたのですが、少し原っぱを歩かせたりすることもありました。猫の散歩は珍しいのと、キャロルは当時、一番流行っていたアメリカンショートヘアだったので、「可愛い〜」と周りの人に言ってもらえるのが密かな私の喜びでもありました。

そんなある日のこと、キャロルのお尻を見ると、米粒のようなものが付いているのに気付きました。何だろう？　と思って見ると、その米粒は動いているのがわかりました。これって何？　虫？　キャロルのお尻から出てきたものなのだろうか？　怖くなった私は、昔、犬を飼っていた父に「キャロルのお尻から、こんな虫みたいなのが出てきた！　どうしよう！」と相談しました。すると父は「寄生虫に違いない！　このままにしておいたらキャロルのお腹で大きくなってお腹を食いちぎられるよ！」と言いました。ビックリした私は泣きそうになりながら、急いで動物病院にキャロルを連れて行きました。

米粒のような動くものがキャロルのお尻にいて、という話をすると、獣医さんは「きっと、瓜実条虫でしょうね。外に出したりしますか？」と聞きました。「時々ですが、リードを着けて散歩に出ることがあります」と答えると、「それなら、やはりそうでしょうね。瓜実条虫が潜んでいるノミが猫に付いて、猫が毛づくろいをしていて、そのノミを口にしてしまうと感染してしまう寄生虫なんですよ。きっと、散歩に行った時にノミが付いてしまったんでしょうね」と言われました。

「キャロルは大丈夫なんでしょうか？」。

お腹を食いちぎられませんか？　とはさすがに聞けなかったので、心配になった私は獣医さんにそう尋ねました。すると、「大丈夫ですよ。瓜実条虫は寄生してもほとんどが無症状ですし、駆虫するお薬を使えばすぐ落ちるでしょう」と言いました。

今でこそ、笑い話のようですが、当時は猫に関する知識も全くなかったので、お腹の中で虫が大きくなって、お腹を食いちぎられて死んでしまうと本気で私は心配しました。

そこから、キャロルのために、猫のことをもっと勉強しようと思い、猫に関する本を読み漁りました。知れば知るほど、猫のことをもっと知りたい、猫に関する仕事をしたいと強く思うようになりました。当時は何となくカウンセラーという職業に憧れて大学の心理学科に入学したのですが、内向的な自分の性格を考えると、果たしてカウンセラーは向いているのだろうかと思い始めたところでもありました。

猫に関わる仕事をしたいけど、猫に関わることができる仕事って何だろう？　ペットショップで働くとか、獣医さんとかかなぁ、獣医さんになるには大学の獣医学部に行かないと無理だしなぁと考え始めていました。

そんな折、動物看護師という職業があるのを知りました。動物看護師というのは、動物病院で獣医さんの診察の補助や手術の助手などをする動物専門の看護師です。動物看護師には、そのための専門学校へ行けばなれるということを知り、私は両親に相談しました。

「大学を卒業したら、動物看護師になるための専門学校へ行こうと思うんだけど、どうかな?」。

恐る恐る、聞いたところ、

「何を言っているんだ! 大学を卒業してまた専門学校? しかも動物看護師!? よく考えろ!」。

と父に一喝されてしまいました。

「獣医師になるなら、まだしも」と最後に小さく父はつぶやきました。

私はこの一言を聞き洩らしませんでした。

獣医師になるならいいんだ、親に許してもらえる! そう理解した私は、その日から獣医師になるために勉強を始めました。もちろん、親に隠れてコソコソと。

動物のお医者さんになりたい

獣医師になるためには獣医学部に入学して、獣医師国家試験に合格しなければなりません。

そこで、まずは獣医学部に入学しようと思った私は再度、受験勉強を始めました。女子大の2年生になった頃のことです。文系だったので国語、英語は何とかなるものの、物理や化学が全くチンプンカンプンなので理解できそうな生物を選択し、3科目だけで受験できる大学に絞って勉強することにしました。受験のための塾などに行くことはできなかったので、昼間は女子大生、夜は受験生というような感じで勉強をしていました。

そして女子大の4年生の冬に、両親に内緒で獣医学部を受験しました。当時は「動物のお医者さん」という獣医学部の学生をモデルにした漫画が流行っていたこともあり、獣医学部の人気はとても高く、倍率も私が通っていた文学部とは比較にならないほどでした。

獣医学部には普通の入学試験の他に、学士入学試験という大卒、または大卒予定者向けの特殊な試験があり、大体が面接や小論文だけで受けられるので神奈川県にある麻布大学の学士入学試験も受けました。しかしながら受けた試験は全て不合格でした。

最後に残されたのが北海道にある酪農学園大学獣医学科の、学士入学試験の二次募集でした。気付くのが遅かったため、すでに一次募集は終わっていました。試験内容は小論文と面接と、前の大学での成績評価でした。

合格率はわずか数パーセントでしたが、運よく私はこの学士入学試験に合格しました。

合格した後に両親に伝え、それはそれは、両親は驚いていましたが、「獣医師になるならば」と許してくれました。

酪農学園大学は北海道にある大学だったので、離れて暮らすのは辛かったのですがキャロルのことは両親にお願いして、北海道に引っ越しました。

東京の女子大を3月に卒業して、4月には酪農学園大学獣医学科への入学です。学士試験での入学なので、一般教養が必要ではないため2年生への編入学でした。

1年分、早く卒業できるので得ではあるのですが、2年生として突然入学する訳なので当然のことながら友達もいません。そして、もともとの内向的な性格もあって、なかなか周りと打ち解けることができない私は、いとも簡単にホームシックになってしまいました。

キャロルに会いたい、東京に帰りたい、と学校が終わって家に帰るといつもそう思っていました。しかし、普通の大学を卒業してまた獣医師になりたいからともう一度大学に入学した手前、両親に泣き言をいう訳にもいかず、辛い日々を過ごしていました。

それでも、少しずつ友達もできて、夏を過ぎた頃には北海道の生活にも慣れ、ホームシックもいつしかなくなっていました。

東京の女子大生として4年、そして北海道で獣医学生として5年、通算9年間も私は長い学生生活を送ることになりました。

獣医学生時代の忘れられないこと

私が大学を卒業した20年ほど前の獣医学科では、基礎教養が終わった2年生から獣医学の基礎的な学問として解剖学や生理学などを学び、時々実習もありました。その中でも初めての解剖実習は今でも忘れることができません。

実習室に学生たちが集合した後に、生きている大きな馬と子牛が連れられてきました。もうすでに亡くなっている馬や牛が実習室に入ると思っていたのに。え、まさか、とは思いましたが、解剖実習をするためには、まず学生たちで動物を放血殺して実習をしなければならないということでした。薬物を使って死亡させるのでは筋肉を勉強したりする解剖学には適さないということで、大量に血が流れる頸静脈を切っての放血殺。もちろんそんな場面は見たことがなかったし、さっきまで生きていた大きな馬体から血が流れて、倒れていく姿はとてもショックでした（現在は動物愛護の立場からそういった解剖学実習などはないと聞いています）。

そして3年生から少しずつ臨床に近付くための薬理学、微生物学などの授業が始まり、そこで行われる実習はラットやマウスといった実験動物を使っての実習でした。実習のために実験動物の命は最終的には奪われてしまいます。

多くの命を犠牲にして1人の獣医師が誕生します。

大学では1年に1度、そういった実験や実習などで亡くなった動物達の慰霊祭がありました。命を無駄にせず、その命によって学んだことを実際に獣医師になった時には生かして、より多くの命を救っていこうと強く思ったことを思い出します。

キャロルとの再会、そして愛犬チェルとの出会い

キャロルのいない生活に耐えられなかった私は、3年生になった時にキャロルを北海道へ連れて行くことに決めました。ペット不可のアパート暮らしでしたが、猫ならバレないだろうと思い、帰省した際にキャロルを連れてまた北海道に戻ってきました。犬とは違い、猫の場合、環境変化がストレスになることもありますが、キャロルは順応性が高かったのか、特に問題なく北海道の生活に慣れてくれました。

4年生になると、それぞれがゼミ室に入ることになります。ゼミ室には解剖学や薬理学といった基礎系のゼミ室と内科、外科、放射線科などの臨床系のゼミ室があります。どういうゼミ室に入るかは、一般的には卒業後の進路を考えて選びます。大学時代の私は卒業したら、動物病院で働く獣医師になって、将来は自分の病院を開業しようと思っていました。そのため、内科のゼミ室に入り、学生時代から大学病院に出入りをして、色々な病気の犬や猫の治療の手伝いや入院した動物達の世話をしていました。内科のゼミ室ではビーグル犬を30頭ほど飼育していて、肥満の研究をしていたの

で、授業が始まる前と後に当番でその犬たちの世話をしていました。

またゼミ室の教授が「アニマルセラピー」を研究していて、興味があった私はアニマルセラピーの手伝いもよくしていました。アニマルセラピーとは、動物と触れ合うことにより、人の精神的・身体的機能を向上させる療法の一つです。触れ合うことによりストレスを軽減したり、心を癒やしたりすることができるものです。

ゼミ室の仲間たちと（右から２番目が筆者）

教授の奥さんが働いている老人ホームに犬を連れて行き、そこにいる入居者さん達と触れ合わせることでどのような変化があるかを教授は研究していました。最初はゼミ室にいた犬を連れて行ったりもしたのですが、大きな犬だと怖がってしまう入居者の方もいるので子犬を連れて行くことになりました。そこで教授は、とある人の庭先で生まれた2匹の子犬を引き取り、連れて行くことにしました。2匹の子犬は名前がすでに付いていて、チェルという名前の男のコと、エンジェルという名前の女のコでした。お母さん犬はシベリアンハスキーが入った雑種犬でしたが、チェルもエンジェルも見た目は柴犬の子犬のような感じでした。

私や学生たちは「可愛いから、撫でてみませんか？」と入居者の方に声をかけ、興味を持ってくれた入居者の方の膝の上に子犬を載せてあげて、落ちないように

愛犬のチェル

見守る役目でした。

触れ合いが終わると、2匹の子犬は教授の家に連れて帰ります。子犬達は教授の犬という訳ではなく、ある程度大きくなったら里親を見付けるつもりだと教授は言っていました。週末ごとに老人ホームへ子犬を連れて行く手伝いをしていて、次第に私は子犬のこと、それもチェルのことがすごく気になるようになってしまいました。最初はあどけない子犬だったチェルは、少しずつ犬っぽくなってきて、お座りとかお手とかもできるようになってきました。そして人が言っていることがよくわからない時に、ハテナ？という顔をして首を傾けて考えている様は本当に可愛らしかったのです。

ちょうどその頃、私はキャロルを飼っていたので猫のことはわかっていたけど、犬のことは座学での知識しかなく、犬も猫も診察をする獣医師として、犬を飼ったことがないのはどうなのだろうかと思い始めていました。そんな最中に可愛らしいチェルを毎週見ていた私は、どうしてもチェルを飼いたいという衝動を抑えきれず、教授にお願いしてチェルをもらい受けることにしました。エンジェルも施設の職員さんに引き取られていきました。

我が家にはキャロルがいたので、チェルと一緒に生活したらどうだろうかと心配したのですが、最初はシャー、シャー言っていたキャロルもしばらくすると慣れてきました。私が暮らしていた部屋はロフト付きだったので、キャロルはチェルがまとわりついて面倒な時にはロフトへ行き、独りの時間を過ごしたりしていました。

しかし、やはり子犬のチェルは遊びたくて仕方がなくて、嫌がるキャロルにまとわりつき、キャロルを怒らせることもありました。

ある時、私が大学から帰ってくるとチェルが右目をシバシバと開きにくそうにしていることがありました。「あれ？　何か入っちゃったのかな？」と思い、チェルの目をよく見ると、目の真ん中が少しですが、凹んでいるのがわかりました。

あ!! 角膜潰瘍になっている!

角膜潰瘍とは外傷や感染などで目の表面の角膜が欠損してしまう病気です。ゼミ室のビーグル犬でも見たことがあったので、私はすぐにわかりました。おそらくキャロルが怒って手を出して、チェルの目に傷が付いてしまったのでしょう。幸い、チェルの傷は小さかったので数日間、目薬をさしていたらすっかり傷は良くなりました。それからというもの、チェルはキャロルが嫌がる時にはすぐに引き下がるようになったので、現場は見ていませんが、チェルの傷はキャロルにやられたものだったと思います。

猫と犬という動物種の違いがあっても、その後は、うまく互いの距離を取りつつキャロルとチェルは同じ家で暮らしていくことができました。冬の寒い時には2匹が一緒にくっ付いて寝ることもありました。

チェルを飼い始めてから私の生活は一変しました。猫との違いとして、犬はしつけをしなければなりません。オシッコやうんちを家の中のトイレでするように子犬の頃は頑張って教えました。しかしながら、お散歩へ行くようになってからは外でしかしなくなってしまいました。そこで私は朝、大学へ行く前に散歩をして、学校から戻ってきたら夕方の散歩をし、また夜、寝る前にも散歩に出していました。

チェルは鳴いたり吠えたりすることはほとんどなかったのですが、散歩の時は引っ張って歩くことが多かったので、色々と本を読み、何とか私の後を付いて歩くようにしつけをしました。それでも何か興味のあるものがあると、なかなか言うことを聞いてくれず、しつけや散歩のいらない猫とは違い、犬と共に暮らすのは思った以上に大変なんだなぁと思いました。

散歩の途中にスーパーなどに寄ることもありました。そういう時はスーパーの入り口近くにチェルを結んでおいていたのですが、チェルがあまりにも可愛らしい子犬だったため私は誰かに盗まれないかといつも心配していました。それを友人に話すと、「雑種なんだから盗まれる訳ないじゃん！」と笑われてしまいましたが（汗）。

獣医学科の学生ゆえに、私のように独り暮らしで犬や猫を飼っている人も多かったので、犬連れで湖や山に出かけたりもしました。シベリアンハスキーの血が少し入っているためか寒さにも強かったチェルは、雪の日には近所の公園で同級生の犬と一緒に駆けずり回っていました。

卒業後の進路

雄大な自然に恵まれた北海道の生活はとても快適でした。物価は安いし、東京とは違い、時間がゆっくり流れているような気がして、伸び伸びと心穏やかに過ごせるような感じが私にはしました。また雪の中で戯れているチェルを見ていると、北海道に残って就職することも考えたのですが、東京に戻ってきなさいという両親の意見もあり、私はキャロル、チェルと共に東京に帰ることにしました。

しかし東京の実家のマンションは基本、ペット不可。そこで私は小学生の高学年まで住んでいた埼玉県所沢市の一軒家に、チェルとキャロルと共に戻ることに決めました。そして、その家から通える動物病院を就職先として探しました。夏休みと冬休みを利用して色々な動物病院で実習をさせてもらい、その中から、ここがいい!!　と思った動物病院に就職することができました。

その病院は埼玉県に本院があり、東京都にも分院がある動物病院で、獣医師は院長先生を含めて総勢10人近く。地域の中核病院となるような大きな動物病院でした。診察している動物も犬、猫はもとより、鳥やウサギやフェレット、ハムスターなどの小動物もいました。大学病院と同じような機械や設備があり、普通の動物病院ではあまり行わない難しい手術を院長先生が行っていました。また病院内の獣医師向けの勉強会も、外部から先生を招いて定期的に行うような動物病院でした。

私がこの病院に決めたのは、一日の外来件数が多く、難しい症例も扱うので勉強になり、自分の経験値を高めることにつながること、そして何よりも、大切な家族であるキャロルやチェルが病気になったとしたら、この病院で診てもらいたいと思ったからでした。色々な動物病院を見ていると、この病院には大切な家族は連れて行きたくないなと思うような所も、正直ありました。

働き出してから気付いたコト

獣医学科を卒業して、無事、国家試験に合格した私は、2001年4月からこの動物病院で獣医師として働き出しました。

大学の動物病院で診療の手伝いなどをしていたので、ある程度、自分ではできると思っていました。病気の知識もあったので、診察をするつもりでいましたが、新人としての最初の仕事は「食事係」と呼ばれる、入院中やペットホテルのコの食事を作ることでした。

朝の食事係の仕事が終わると、次にやるのは先輩獣医師の補助でした。私が入った時は動物看護師が少なかったこともあり、主に動物看護師が行うような仕事をしている感じでした。いつになったら外来の診察をさせてもらえるのだろう？　そんな風に思っていた時期もありました。

しかしこの頃、まだ私は一般的な獣医師としての仕事をしていなかったため、大切なことに気付いていませんでした。夏あたりから、少しずつワクチン接種や外耳炎などの治療をさせてもらえるようになりました。また一番簡単な猫の去勢手術などをするようになりました。その頃になり、ようやく私は気付きました。

それは、「私ってものすごく不器用だ！」ということに（汗）。

血液検査の採血をするのに、1回でできずに何度、犬や猫に痛い思いをさせてしまったことか（申し訳ない）。また、手術をするのに、同期の新卒の先生よりも、ものすごく時間がかかる。

私って獣医師に向いていない！

そう気付いてから、何度、仕事を辞めようと思ったかわかりません。

さらに、動物病院の現場は自分の想像以上に大変なものでした。

午前中の診療が終わったら、すぐに手術。手術が終わった後、休む時間もほとんどなく午後の診療、というのも珍しくはありませんでした。診療時間は午後7時までしたが、7時に終わることは滅多にありませんでした。

また仕事が終わってから緊急手術をすることもあるし、具合の悪い入院中のコがいれば、夜間、当番制で見ることもありました。

私が働き出した20年前は、今よりも動物病院の労働環境もブラックで、どんなに仕事が遅くなろうが、夜間、具合の悪い動物のために付きっきりで病院に残って仕事をしようが、残業代というものはありませんでした。社会保険や厚生年金もない病院も普通でした。20年前の私の初任給は18万円。昔、家族で住んでいた一軒家に住むことができたため、家賃がかからず、何とかやり繰りできたような感じでした。

ハードな現場、そして、自分自身の獣医師としての技能のなさに、私はいつしか動物病院を開業しようとは思わなくなっていました。私が動物病院を開業するなんて、とても無理だし、高額な医療機器を買うお金もない。動物病院を開業したら自分の時間もなくなってしまうし、結婚もできないかもしれない。そんな風にその頃の私は思っていました。

キャロルの病気、発覚!!

私が働いていた病院はスタッフの人数は多かったのですが、キャリアアップや開業のために辞めていく獣医師も多かったので、気付くと要領の悪い私は、周りに気遣い、辞めよう、辞めようと思いつつも辞められず4年が経っていました。

4年も経つと、不器用な私でも何とか獣医師として一人前の仕事はできるようになっていました。

そんな折、キャロルの具合が悪くなりました。当時、キャロルは13歳。彼女はよく吐くようになってしまったのです。高齢になってきて腎機能が弱まっているのかもしれない、と血液検査とレントゲン検査、尿検査、便検査をしてみましたが異常はありません。胃腸炎かもと思い胃薬を投与し始めましたが、なかなか嘔吐が止まらず、バリウム造影検査もしました。しかし、バリウムの通過も問題はありません。検査をしても異常は出ないのに、嘔吐はなかなか止まりません。何か見逃しているのかも、と不安になった私はもう一度、血液検査をしてみました。

すると内臓の数値に異常はありませんでしたが、白血球の数が以前に検査をした時よりも増えていました。なぜ？　そう思った私は血液をスライドガラスに載せて、白血球の中のどの細胞が増えているかを顕微鏡で見ました。

見ると、普通、白血球の中で一番多いはずの好中球よりも、アレルギーなどがある時に増える好酸球が異常に多いことがわかりました。また今までしていなかったお腹の超音波検査をしたところ、腸管にあるリンパ節が腫れているのを見付けました。そして、超音波で確認しながらリンパ節に針を刺し、専門の先生に細胞を見てもらいました。すると「リンパ腫」または「好酸球性の胃腸炎」が疑われるという結果が出ました。

「リンパ腫」というのは血液の腫瘍で、一般的には抗ガン剤で治療します。「好酸球性の胃腸炎」なら食事をアレルギー用のものに変えたり、場合によってはステロイドを使って治療します。

果たしてキャロルはどちらの病気なのか？　この先、確定診断をするのであれば、試験開腹といって麻酔をかけて開腹手術をし、怪しい部分を摘出して病理検査に出すしかありません。キャロルは13歳。麻酔をかけるのには抵抗がありました。しかし、一方で獣医師として、しっかり自分の目で見て確かめたいという思いも私にはありました。幸い、内臓の機能はしっかりしていたので、私は院長先生にお願いして、キャロルの手術をすることにしました。院長の助手として自分も手術に参加することにしました。

「大丈夫だよ。一緒にいるからね」。そうキャロルに行って麻酔をかけました。お腹の毛を刈り、消毒をして手術はスタートしました。私の飼っている猫のためか、いつもより院長先生も丁寧に手術をしてくれているのがわかりました。

そして、お腹を開け、消化管全体を見るために小腸を大きなドレープの上に取り出したところ、私は愕然としました。小腸の周りにある脂肪全体が浮腫を起こし、今まで見たことがないような状態だったからです。そして腸間膜にあるリンパ節もかなり大きくなっていました。

キャロルが、こんな状態だったなんて。

これが患者さんの猫であれば、手術後、こちらからの予後は不良、厳しいでしょうと伝えていたことでしょう。もうキャロルはダメかもしれない、そんな風に思ったことを鮮明に覚えています。大きくなっていたリンパ節の一部を切除し、また胃や腸にも何らかの病変があるかもしれないので、胃と腸の一部を病理検査のために切除して手術は終わりました。

幸い、麻酔の醒めは良く、キャロルはしばらく入院をしました。切除した病変の結果が出るまで、どうなることかと心配していましたが、キャロルはその後、吐くことはなく落ち着いていました。

そして手術が終わって2週間が経つ頃､病理の検査結果が出ました。検査結果は「好酸球性の胃腸炎」という結果でした。とりあえずリンパ腫でなかったことにホッとして、キャロルのごはんをアレルギー食に変えました。

その後、しばらくは良かったのですが、季節の変わり目などになると、また再びキャロルは吐きました。普通の胃薬では吐き気が止まらなかったので、いよいよステロイドを使用しました。ステロイドを使用すると、どんなに色々なお薬をあげても止まらなかった嘔吐がピタッと止まります。しばらく飲ませて、徐々にステロイドの量を減らし、切っていました。

ステロイドは動物病院では普通に使う薬です。アレルギーがあって痒みのあるコにも使うことはありますが、大体の場合、ステロイドを使っている間は症状が落ち着き、切るとまた再発します。ステロイドには副作用もあるので、ずーっと使う訳にもいきません。キャロルの場合もそうです。ステロイドで治している訳ではないし、吐く場合にはステロイドをこのままずっと使わないといけないのだろうかと、私は悶々としました。

ちょうどその頃は、西洋医学ではうまくいかずに治療の限界を迎える症例も多く、他に何かないだろうかと思っていた時期でもありました。そこで私は気付きました。「医学は西洋医学だけではない！　東洋医学もあるじゃないか！」と。そして漢方を使っている先生にキャロルの治療をお願いしたり、サプリメントを使ったり、色々、自分で調べたものを試しているうちに、キャロルが吐くことはなくなりました。

今まではずっと西洋医学を使って治療をしてきましたが、キャロルの病気をきっかけに西洋医学以外の治療法も色々と勉強していきたいと強く思い始めていました。

一緒に入った同期の獣医師も他の病院へ転職したり、開業するために辞めていく先生もいたりで、気付くと常勤でいる獣医師では一番トップの位置に私はいました。そうなると、自分自身の患者さんの診療もしながら、後輩の指導もしていかねばなりません。仕事が終わるのも遅く、精神的にも肉体的にも疲労はピークに達していました。この状況から逃げ出したい、そんな気持ちもありました。そこで当時お付き合いしていた人もいたので、結婚をするという理由で辞めることにしました。そして、自分が学びたいと思っている治療を行っている動物病院を探しました。

派遣の獣医師

ある日、「わんにゃんワールドどうぶつ病院」という名前の動物病院を見付けました。
わんにゃんワールド？
変な名前の動物病院だなぁと私は思い、調べたところ、「わんにゃんワールド」という犬や猫と触れ合えるテーマパークがあって、そこに付属している動物病院であるということを知りました。

わんにゃんワールドは東京都多摩市の多摩センターにありました。東京には小学生から女子大生まで10年以上住んでいましたが、初めて聞く土地の名前でした。ところが求人票に書かれている連絡先は、渋谷区の株式会社でした。私はこの株式会社が運営しているテーマパークがわんにゃんワールドなのかなと思い、とりあえずその会社に電話をしました。そして、まずは面接をすることになりました。

翌日、こぢんまりとした事務所で社長と面接してわかったのは、この会社は獣医師や看護師の派遣会社で、わんにゃんワールドどうぶつ病院で働くスタッフを派遣しているということでした。

面接後に、わんにゃんワールドへ連れて行ってもらい、見学をさせてもらいました。

わんにゃんワールドには、犬とお散歩ができるコーナーや、犬や猫と触れ合えるスペースがあり、屋外の舞台ではドッグショーなども開催しています。週末に家族連れで楽しむテーマパークという感じでした。動物病院の他に、トリミングサロン、ペットホテル、ドッグラン、ドッグカフェ、ペットショップ、そして動物看護師やトレーナーさんを育成する専門学校がパークの向かいにありました。

わんにゃんワールドには犬が約300匹、猫が約20匹いるとのことでしたが、その犬や猫達は動物病院の獣医師ではなく、専門学校の先生を兼任する別の獣医師達が健康管理をしているとのことでした。

動物病院は、広い待合室と比較的大きな診察室、手術室や入院室などひと通りの施設があり、働きやすそうな環境でした。

ただ当時は派遣獣医師なんて聞いたことがなかったので、大丈夫なんだろうか？という不安な気持ちはありました。しかし、それ以上に西洋医学以外の治療ができる病院に興味があったので、就職をしたい旨を伝えました。

私以外の応募者がいなかったのか、あっさり就職は決まりました。

わんにゃんワールドどうぶつ病院には同世代の男の院長先生と、もう1人、動物看護師の女の子がいました。私の就職が決まるとすぐに、その動物看護師の人は辞めてしまいました。後からわかったのですが、その人が退職をしたいので獣医師でも看護師でもいいので、人を探していたところに、ちょうど私が見付かったということでした。

しばらくの間、院長先生と私だけで病院を運営していました。小さな病院で患者さんの数も少なかったので、今までとは比べものにならない位、ゆっくりと診察をして過ごす日々でした。そして、院長先生は私が最もやりたかった、犬猫の鍼治療ができる先生だったので、実際に治療を見学することもできました。

ある時、高齢になって足腰が衰え、自分では歩くことができないラブラドールレトリバーが来院しました。最初は後肢を補助するハーネスを着けて、飼い主さんが後肢を軽く持ち上げた状態でヨロヨロと歩いて通っていました。ところが、鍼治療を数回行った後で来院した時には、飼い主さんの助けもなく、自分でしっかり歩いて病院に入ってきたのです。

私は驚きました。鍼治療ってすごい！　今まで補助がなくては歩けなかったのに。

そこから私は自分自身でも鍼治療を勉強して、実際にわんにゃんワールドにいる犬をモデルとして使わせてもらい、鍼治療の練習もしました。

その後、院長先生の開業が決まり辞めることになったため、もう1人スタッフを募集していたところ、新たな動物看護師の人が採用され、彼女と私とで病院を運営していくことになりました。ん？　院長先生がいなくなったら誰が院長に？　と思いましたが、必然的に私が院長となり、病院を運営していくことになったのです。
あぁ、こういうのを「棚ボタ」って言うんだなぁ、と思ったことを覚えています。

突然の展開。天国から地獄へ

成り行きとはいえ、院長となったからには、やはり外来の患者さんを増やしたいと私は思いました。そこで、ドッグカフェに遊びに来た人に健康診断の無料チケットを差し上げるようにしたり、病院のパンフレットを作って、しつけ教室やトリミングサロンに置いてもらったりもしました。そのかいもあってか、徐々に患者さんの数も増えていきました。

自分が院長なので、やりたいように治療ができて、また頑張れば頑張った分だけ患者さんも増え、治療で良くなると感謝してもらえることに私は喜びを感じていました。

そして、わんにゃんワールドどうぶつ病院で働き始めてから半年後位に、私を雇用していた派遣会社とわんにゃんワールド側での話し合いがあり、私も看護師の人もわんにゃんワールドの社員となることが決まりました。派遣獣医師ではなく、正式な社員として働けることも決まったので、このままずっとこの病院で院長としてやっていこう！　と私は強く思っていました。

しかし、運命というものは自分の思いとは裏腹に突然の変化を起こすことがあります。

それは私が院長になってからおよそ1年半後、スタッフ全員を集めた全体集会が開催されることになった時のことです。今まで全体集会なんてしたことがない会社だったのに、なぜ？　誰もが不審に思い、全体集会の日を待ちました。全体集会には、わんにゃんワールドで働くスタッフ、付属のドッグカフェやトリミングサロン、ペットショップで働くスタッフや専門学校の先生など全てのスタッフが集められました。

そこで言われたこと。それは、「会社の経営が悪化している」ということでした。その話を聞いた時、私はそれほど驚きはしませんでした。何となく、感じていたからです。おそらく私以外のスタッフの多くの人も、そう感じていたと思います。わんにゃんワールドに遊びに来るお客さんが減っているなぁとか、専門学校の入学者の数が前年よりも随分減っているなぁとか、スタッフの間でも話をしていました。

そんな全体集会があった後、また1か月もしないうちに全体集会が開かれることが決まりました。今度は一体、何が伝えられるのだろうかとみんながドキドキしてその日を待ちました。

その日は病院の休診日でしたが、当時、私は六本木のミッドタウンにあるペットショップ付属の動物病院でアルバイトをしていました。全体集会には参加できないため、参加した看護師さんに、内容をメールで知らせて欲しいとお願いしました。

全体集会は午後1時からのスタートでしたが、1時5分位にメールが来ました。やけに早いなと思い、メールを開くと、

「倒産決定です。3か月後の1月12日をもって、わんにゃんワールドは閉鎖。1月末に全社員解雇」。

そう書いてありました。

まさか?! 倒産?! 解雇? そこまで経営状態が悪化していたとは。倒産とか解雇ってテレビでは聞くけど、まさか自分自身がそうなるなんて思ってもみませんでした。

後から、上の人に聞いたところ、動物病院やトリミングサロン、ペットショップなどの飼い主さん向けの施設の売り上げは年々良くなっていたそうですが、わんにゃん

ワールドの来場者数の減少、そして何よりも付属の専門学校の入学者数が激減しているのが大きな要因であるとのことでした。

動物病院開業の決意

3か月後には、この病院はなくなってしまう。この先、私はどうしよう。ずっとこの病院で働くつもりだったのに。

突然の出来事に、私はとてもショックを受けました。でも3か月後には解雇されるので、その先の身の振り方を考えねばなりません。

この時に結婚を考えて付き合っている人がいたら、結婚という選択肢もあったかもしれませんが、幸か不幸か、もうこの時には結婚相手として考えていた人とは別れており、私は独りでした。

六本木のアルバイトの動物病院の出勤日を増やしてもらうか、はたまたどこか別の動物病院を見付けて働くか、それとも……。

私はそんなに迷いませんでした。

いくら倒産、解雇だから仕方がないといっても、今まで診てきた患者さんをこのまま放っておくことはできない！　最後まできちんと診るのが獣医師としての私の使命だ！　開業しよう!!

私は強く思いました。しかし、先立つものがありません。そう。開業するためには多額のお金が必要です。開業など考えていなかった私は、きちんとお金を貯めていませんでした。でも大概、開業する時には親からお金を借りるとか、実家を担保にして銀行からお金を借りるということを聞いていたので、両親にお願いしようと思いました。

両親は、私が小学生の頃から都内で飲食店を経営していました。自営業の考え方で、父は私が獣医学科に通うことになった時、「人に雇われていてはダメだ。将来は開業しなさい」と言っていました。実際に獣医師になり、現実を知って開業をする気はないと父に言った時、父が寂しそうな顔をしていたのが私は引っ掛かっていました。事情はどうであれ、娘が開業しようとしているのだから、両親はお金を貸してくれるはずだと思い、私は事情を話しに実家へ行きました。

「勤めている会社が経営難で倒産が決まり、3か月後に解雇されるので、この機会に開業しようと思う」。

私は両親にそう言いました。だから、お金を貸して欲しい。その後、私はそう伝えるつもりでした。しかし、間髪入れずに、父はこう言いました。

「開業なんて、ダメだ。うまくいくはずはない。どこかにまた就職すればいいだろ！」と。

私は自分の耳を疑いました。将来は開業しなさい！　と学生時代に言っていたのに、話が違う。

今、思い返せば、その頃はちょうどリーマンショックの起こった時期で、世の中の景気も悪化していました。自営業者の父はそれを身をもって感じていたのだと思います。それゆえに、危険な開業をするなということで反対したのだと思います。

しかし、そんなことは当時の私には全く理解できず、なぜ？　今まで言っていたことと全然違うじゃないか！　という思いでいっぱいでした。開業をする時には、親に認めてもらわないとうまくいかない、両親が理解して協力してくれないと開業は難しい、というのも聞いていました。それなのに両親が開業に反対している。

それでも、私は引き下がることはできませんでした。脳裏には今、診ている犬や猫、そして飼い主さん達の顔も浮かんできます。その人たちのためにも何とか病院を開業しないと！　私はそう思いました。

病気を治すだけではない病院

私がいくら開業したい、開業したいと言っても、おそらく両親は理解してくれないでしょう。そこで、私は考えました。両親を説得するために、なぜ、自分が開業したいと思っているのか、いや、開業しなければならないのかを文章にしっかり書いて、それを示そうと思いました。

私は、1年ほど前に受けたセミナーのテキストを本棚の奥から引っ張り出してきました。それは、起業を考えている人向けに商工会議所が開いている「創業塾」のテキストでした。大学を卒業して、動物病院で働き出してから開業しようという夢はなくなっていましたが、いつか人と動物を癒やすサロンを作りたいとも思っていたので、創業塾を受講していたのです。その資料には起業をする時には「起業計画書」が必要だと書いてあり、起業計画書の書き方も載っていました。両親を説得するため、そして融資を受けるためにも起業計画書は必要なので、テキストを参考にして起業計画書を書き始めました。

また休みの日には、不動産屋さんで動物病院が開業できるテナントを探すようになりました。わんにゃんワールドから遠くないところで、程よい広さ（小さ過ぎてもダメだし、広過ぎると家賃が高くなって払えない）、駐車場付きで、できれば大きな通りに面した1階のテナントがいいなぁと思っていました。しかし、色々と条件があるため、なかなか難しいのが実際のところでした。

また、いいなと思った物件があったとしても、大家さんに問い合わせてもらうと、動物病院はダメと言われることもありました。動物病院はうるさいとか、臭いとか思われているようでした。犬や猫を救うために動物病院を開業しようと思っているのに、と悔しい気持ちになることもしばしばありました。

起業計画書を書き始めると、自分がどんな病院を作りたいと思っているのかが明確になってきました。前述の通り、人と動物を癒やすサロンを作りたいと思っていた時があったので、そうすればいいんだ！　と思いました。

病院という形にとらわれず、気軽に普段から来てもらえるサロンのような病院。そして、そこで人と動物達が交流できるコミュニティスペースのような病院。鍼灸治療やドイツの自然療法など、身体に優しい医療を提供できる病院。そして私が常々感じていた飼い主さんのココロのケアができる病院。大切な小さな家族が病気になると飼い主さんも精神的に病んでしまうことがあるから、そういった飼い主さんのカウンセリングにも力を入れて、動物の治療だけでなく、飼い主さんも癒やしてあげることができる病院。

私が作る病院は、病気を治すだけではない病院にしたいとその時、初めて思いました。

開業準備に奔走する毎日

当時は、仕事が終わった後、色々な人に電話をかけて相談をしたり、起業計画書を書いたり、休日には不動産屋さんを回るという感じで休む暇なく過ごしていました。

また医療器械についても考えねばなりません。動物病院を開業するためには血液検査の器械やレントゲン、麻酔の器械など高額の医療機器を揃えねばならず、ここが一番お金のかかるポイントなので、何とかならないだろうかと私は思案しました。

そうだ、わんにゃんワールドどうぶつ病院がなくなるのであれば、医療器械を安く譲ってもらえないだろうか！　そう考えた私は上の人に交渉してみたのですが、あえなく撃沈。そこで医療器具屋さんを紹介してもらって、必要な医療器械の見積もりを取ることにしました。

機械についてはお金をかけようと思えばいくらでもかけられますが、最低限の医療器械だけ揃えても、およそ500万円になることがわかりました。それに内装費やら諸費用、数か月分の運転資金も入れると、開業資金としておよそ1700万円は必要なことがわかりました。自分の貯金をかき集めると約700万円あったため1000万円の融資を受けないと無理だということがわかりました。

そのうちに起業計画書を大体書き終えたので、実際に開業している先輩にお願いして、計画書を見てもらうことにしました。先輩はひと通り、私の計画書を見終えるとこう言いました。

「よく書けていると思うよ、でも」。

先輩は少し、渋い顔になりました。

「この計画書を見て、1000万円、貸してもらえるかな？　向後さんを信頼して貸してもらうためには、向後さんという人が信頼のおける人であることの証明、例えば、今、勤めている会社の社長とかに、この人は信頼がおけます、みたいな文章を一筆書いてもらった方がいいんじゃないかな」。

そう言ったのです。え？　と私は思いました。倒産するような会社の社長に一筆書いてもらっても大丈夫なのかなと思いました。先輩も忙しい最中に計画書を見てくれたので、「ありがとうございます、考えてみます」とだけ答えました。

ただ、先輩の言うことも、もっともだと思いました。全く見ず知らず、どこの誰だかわからない私に1000万円という大金を貸すのであれば、確かにそれなりの信用がないと貸せないでしょう。どうしたものか、と思っていたところでひらめきました。

そうだ、患者さんの声を集めよう！

私が信頼できる獣医師であるという患者さんの声。

病院がなくなって困る、私に病院を開いて欲しいと思っている患者さんの声を。

そう思った私は、次の日から診察室に小さな紙を用意して、よく通院してくれている患者さんに、診察が終わった時にこう言って手渡していきました。

「もうご存じだとは思うのですが、わんにゃんワールドが1月に閉鎖して、この病院も一緒に閉鎖になります。引き続き、診察ができるように私は病院を作ろうと思っているのですが、その時の融資の書類に、患者さんの声を反映させたいのです。この病院がなくなって困るとか、病院を作って欲しいとか、そんな意見があればこの紙に書いて欲しいのです」。

すると、お願いをした全ての患者さんが快く、その紙を受け取ってくれ、想いのたけを書いてくれました。

「病院がなくなるからどうしようかと思っていたんです、良かった〜」。

そんなことを話す患者さんが多かったように思います。融資を受けるなら銀行を紹介しますよ！　と言ってくれた患者さんもいました。私は着実に患者さんの声を集め、それをコピーして起業計画書に入れました。

以前、起業計画書を先輩に見てもらった時に、先輩からもう一つ言われたことがありました。それは開業の時期のことでした。わんにゃんワールドは1月半ばに閉鎖する予定でしたが、開業は遅くとも4月にはしないとダメだと言われていたのです。

なぜ4月には開業をしないといけないのか？

それは動物病院特有の季節性の問題があるからです。どこの動物病院でも1年で一番忙しい時期、それは春です。狂犬病の予防注射やノミやマダニ、フィラリアの予防が始まり、健康な犬でも必ず1年に1度は動物病院を訪れる時期、それが春、4月、5月になります。

その時期に私の病院ができていなければ、今まで来ていた患者さんは他の病院へ行ってしまう、だから4月には病院を開業しないとダメだよと言われたのです。私には時間がありませんでした。

起業計画書を書き終えた私は、まず、両親に見せに行きました。

「私はやっぱり今、診ているコたちのために病院を作りたいと思う。そのために起業計画書を作ったので見て欲しい」。

そう言って計画書を父に手渡しました。我が家は父が主権を持っているので、父さえ賛成してくれればこっちのものです。

父の性格上、計画書の始めから終わりの隅々までよく見ていたと思います。起業計画書を見終えると、父はこう言いました。

「おまえが患者さんのために病院を作りたいというのはよくわかった」。

私の前に希望の光が見えました!!

でも次の瞬間、父は耳を疑うような一言を言ったのです。

「しかし、お金を出すかどうかは別問題だ。金銭的な援助は一切しない。自分で何とかしなさい」。

希望の光は一瞬で消えてしまいました。

獅子の子落とし

獅子の子落としとは、獅子が我が子を深い谷に落として、這い上がってきた生命力の強い子を育てるという言い伝えから転じて、可愛い我が子にあえて試練を与えて成長させるということわざです。

この時はまさに「獅子の子落とし」だったのではないかと、数年後に気付きますが、もちろんその時はそんなことに気付くはずもなく、私は父を恨みました。

「お金は融資を受ければ何とかなるだろう。一般的には国民生活金融公庫（現・日本政策金融公庫）だが、市でやっている創業支援融資の利率の方が低いはずだ」。

と父は言いました。そこまで言われてしまうと、私は何も言うことができず、おずおずと引き下がりました。

しかし同時に、両親がお金を出してくれなくても、自分で起業計画書を書いたのだから、融資を受けて絶対に開業してやる!! と強い想いが沸々とわいてきました。

家に帰り、父が話していた市の創業支援融資についてホームページで探すと、確かに国民生活金融公庫より金利が低いことがわかりました。そこで私はさっそく、起業計画書を持って創業支援融資のお願いに行くことにしました。

理想的な物件との出会い

ちょうどその頃、条件に見合う物件探しをお願いしていた不動産屋さんから電話が入りました。

「お探しの物件が見付かりました！　1階で駐車場もあって、バス道路に面したテナントです」。

場所は、わんにゃんワールドから大きな公園を挟んで反対側、そう遠くない所でした。直感的に良さそうだと私は思いました。あとは実際に内見しないと何とも言えない、ということで不動産屋さんにお願いして、内見させてもらうことになりました。

物件は、綺麗な感じの2階建てアパートの1階。テナントが3件入っていて、向かって右側が美容室、左側が洋食屋、その真ん中の物件がちょうど空いたということでした。広さ的にも15坪弱と私の望み通りでした。駐車場も隣にあって借りられるし、家賃も私の希望通り、15万円以下でした。

以前はカフェが入っていて、白い壁と大きな茶色の間仕切りが残っていましたが、テナントとして使用した時期が短かったのか、白い壁も間仕切りも綺麗でした。これならば内装費も少しは安くなる、そして、テナントの前におしゃれなケーキ屋さんがあるのも気に入りました。私はこの物件で動物病院を開業しようと決めました。

保証協会との面接へ

10月12日の全体集会の後に開業を思い立ち、テナントを見付け、内装業者を決め、医療器械の見積もりを取り、起業計画書を書き終えて実際に提出したのは12月の上旬でした。

そして、今度は保証協会との面接。私にとっては久しぶりの面接です。めったに着ないスーツ姿になり、保証協会がある立川へと電車で向かいました。

就職の面接であれば、どうしてその会社を希望したのかとか、会社に入ったらどうしたいのかなどについて聞かれるのでしょうが、融資のための面接なんて初めてだったので、何を聞かれるのかドキドキしました。

私の面接を担当してくれたのは、40代位の女性でした。すでに私の起業計画書は保証協会に渡っていたようで、なぜ開業しようと思っているのかなどの質問は全くなく、こう言われました。

「起業計画書、拝見しました。そこで質問なのですが、この計画書では、初年度、獣医師を雇って、獣医師の月給が16万円となっているのですが、安くないですか？」。え？　想定外の質問に私は目が点になりました。ピンと張りつめていた緊張感も一気に緩みました。

「えっと、私が初年度に雇うのは獣医師ではなくて、動物看護師です。起業計画書にもそう書いてあります。16万円は動物看護師の給料としては一般的な金額です」。

「あ、そうでしたか」。

たったこれだけで、私の面接は終わりました。もっと色々と聞かれると思っていたので拍子抜けしました。

保証協会を後にする時に、もっと私が起業したい気持ちを伝えるべきだったのかと か、色々と悩みましたが、終わってしまったことは仕方がありません。融資が実行されるかどうかの返事は2週間位で出るのですが、年末が近づいているため、もしかしたら年明けの返事になるかもしれないと言われました。

クリスマスの出来事

保証協会との面接の後も、私は通常通り、わんにゃんワールドどうぶつ病院で働きつつ、開業の準備をしていました。神様が私に動物病院を開業しろと思ってくれているのならば、きっと融資は下りるはず！　と信じて。

わんにゃんワールドどうぶつ病院が閉院した後、実際に開業するまでの間、治療をしなければならないコ達は往診で診ていこうと思っていました。

そして、忘れもしないクリスマスの日。1本の電話がかかってきました。保証協会からでした。「あなたの計画書が認められ、1000万円の融資がおります」と。私にとって一番のクリスマスプレゼントでした。

それから開院までの間、昼は診察、夜は準備に明け暮れていました。当時を振り返ると、ものすごく忙しい生活をしていたのに、どんなに夜遅くなっても眠くならず、また朝もパチッと目が覚める日々でした。アドレナリンがバンバン出ていたのでしょう、疲れも全く感じていませんでした。

人間が本気になるとすごいんだなとその時は思いました。今、考えても人生でそういう感覚になったのはあの時だけでした。

新しいスタッフと共に旅立ちの時

わんにゃんワールドどうぶつ病院を退職する時、退職金は1円たりとももらえませんでした。その代わりではないですが、動物病院で使っていたカルテは持って行ってもいいと言われていたので、そのカルテを使って開院のお知らせをダイレクトメールで出すことにしました。自分だけでは病院をやっていけないので、わんにゃんワールドで一緒に働いていた看護師さんを雇うことも決めていました。彼女と一緒にダイレクトメールのあて名書きをしていきました。

今だったら、開院前にはホームページを作り、早々に告知をスタートさせたりしますが、当時はアナログ人間だったこともありそんなことには気付かず、とりあえず今まで診ていた患者さんには開院を伝えなければ！　という一心で案内のダイレクトメールを作ったという感じです。

そして、新しい動物病院の名前は、色々と考えた末、「こうご動物病院」にしました。自分の名前を動物病院名にするのは何かダサくて嫌だと思っていたのですが、内装工事屋さんが病院の設計図を書いてくれた時に、その設計図に「(仮) こうご動物病院」と書いてあったのを見て決めました。向後が「こうご」になっただけなのに、何か可愛い！ と思ったからです。動物病院は意外と同じような病院名があることが多いのですが、ネットで調べたところ、こうご動物病院という病院はありませんでした。

そして開業は3月中にと思っていたので大安の日を選び、3月3日に決めて開業準備に励みました。

予想外の告知方法

動物病院の開院のお知らせはホームページや、チラシを作ってポスティングや新聞に折り込みで入れてもらったり、というのが一般的です。私も今までの患者さんにお知らせのダイレクトメールとチラシを作り、多摩市の新聞に折り込みで入れてもらうようにしました。

しかし、それ以上に効果がある告知を私は行いました。それは友人の一言から始まりました。

「向後さんの開業って、ちょっと変わっているよね。動物病院を含む大型施設が閉鎖になって解雇されて、そこから開業って珍しいから、新聞社とかに言ったら取材に来てくれるかもよ」。

開業の日が少しずつ近付いていた2月半ばのことです。

おおっ!! 気付かなかったけど、確かに珍しい開業の仕方かも。そう思った私は、友人に言われた通り、新聞社に連絡をしてみようと思いました。いわゆるプレスリリースですが、もちろん当時、そんな言葉も知らなかった私は、電話だと恥ずかしいからという理由で、新聞社に手紙を書くことにしました。その手紙にも、起業計画書に入れた患者さんの声をコピーして入れました。

手紙は書いたものの、当時、新聞を取っていなかったので、どの新聞に出せばいいかわからないため、図書館に行って新聞を探しました。今、考えるとだいぶアナログですよね。ネットですぐに新聞社の住所などわかりそうなものですが、当時はそんなことは考えもしませんでした。図書館で新聞を見つけて、大手5社（読売新聞、毎日新聞、朝日新聞、東京新聞、産経新聞）に手紙を出すことにしました。

手紙を出してしばらくは何も音沙汰がなかったので、やっぱり無理だったかぁ、と思っていましたが、1週間を過ぎたある日、産経新聞の編集長から電話がありました。

「あなたの手紙を見ました。もう少し、詳しく教えてくれませんか？」。

やった!! 記事になるかもしれない!!

私は、全体会議で全社員解雇を伝えられたことから開業を思い立ち、現在に至ったことをやや興奮しながら電話越しに伝えました。そして、

「たぶん、数日のうちには記事になると思います。それと同封してあった写真は使ってもいいですか？」。

と聞かれました。

「もちろん、大丈夫です!!」。

私はそう答えました。実は新聞社に手紙を出す時に、診察中の写真を入れた方が伝わるのではと思った私は、わんにゃんワールドどうぶつ病院で診察している写真を撮

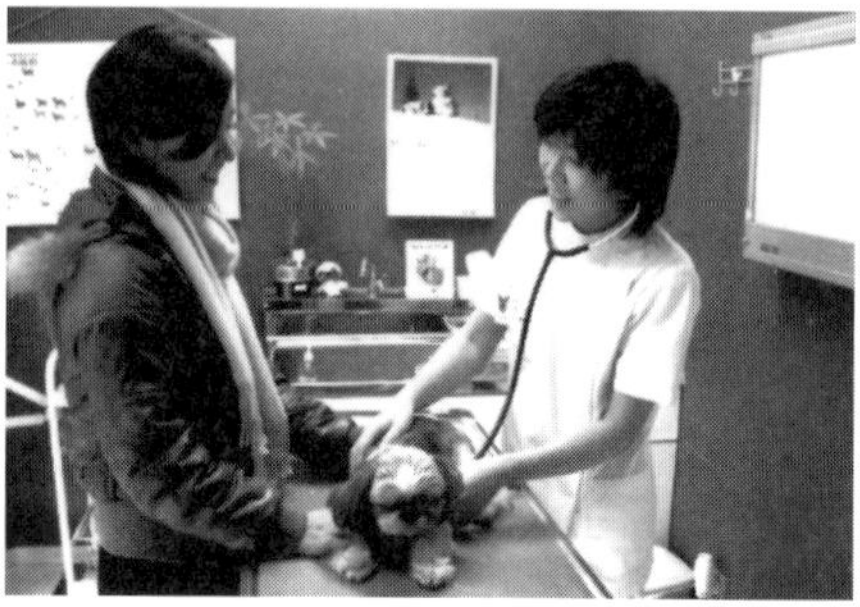
新聞社への手紙に同封した写真

って、同封していたのです。

実はこの写真にも裏がありました。診察中に患者さんにお願いして撮ってもらうのは気が引けたため、当時、一緒に働いていた看護師さんに飼い主さんの役をしてもらったのです。ダウンジャケットの下は白衣。犬は、わんにゃんワールドの犬でした。

電話でのインタビューを受けた後、いつ新聞に掲載されるかわからなかった私は、翌日から、毎日コンビニで産経新聞を購入しました。そして1週間ほどたったある日、産経新聞の朝刊に記事が掲載されました。

天にも昇る気持ちでした。私の手紙と、ちょっとしたインタビューでしっかりとした記事になっていたので、さすがに新聞記者の人はすごいなぁ〜と思いました。

それ以後、他の新聞社からの連絡はなかったので、まぁ、こんなものかと私は思っていました。開業の準備に追われて、いつの間にか新聞社のことは忘れていました。

そして、いよいよ開業を2日後に控えた3月1日。今度は東京新聞の記者の方から電話がありました！

「あなたの手紙、読みました。明後日が開業日ですよね。明日、取材に伺ってもいいですか？」。

おおっ！　また取材に来てもらえる！

「もちろん大丈夫です」。

と私は答えました。

そして、3月2日。開業を翌日に控えたこうご動物病院は、私の友人の獣医さんにも来てもらって最終準備をしていました。アレがない、これはどこに置いたんだっけ?!　とバタバタしている中、東京新聞の記者さんが来ました。

実際に診察しているような雰囲気で写真を撮りたいと言われたため、病院に連れてきていた私の猫、ちびた侍を診察台に乗せて写真を撮ってもらいました。

取材が終わり、ホッとしていたところに、また新たな電話がありました。何と、今度は読売新聞の記者の方でした。

「明日が開業日ですよね。取材に行ってもいいでしょうか？」。

もちろん来てもらいたい！　でも今、東京新聞の取材を受けたばかりなのにいいのだろうかと心配になった私は、率直にそのことを伝えて確認を取りました。同じことを違う新聞が記事にしても問題はないということで、翌日の開業日に記者の方が取材に来ることになりました。

3月3日の開業日。前日に取材を受けた内容が、東京新聞の地方版の一面に大きく載りました。そして、診療開始の9時を迎えて「こうご動物病院」の入り口を開けると、開業を待ってくれていた患者さん達が、お祝いの花を持ってやってきてくれました。院内は華やかな雰囲気に包まれていました。

そんな中、読売新聞の記者の方が来られて、実際に診察に来た人にインタビューをして記事を書いてくれました。読売新聞には、開業の翌日に記事として載せていただきました。

新聞に広告を出すとものすごくお金がかかるのに、取材に来てもらったおかげで、1円もかからずに開業の告知をすることができました。実際にその後、新聞の記事を見て、うちの病院に来てくれる方もいました。

突然のわんにゃんワールドの閉鎖、全社員解雇を伝えられてから、開業を思い立ち、がむしゃらに動き、およそ4か月半後には自分の病院を開業することができました。

以上が、私がこうご動物病院を開業するまでのお話です。

開業してから、少しずつスタッフが増え、開業7年目に拡張移転をし、今日を迎えるまで山あり谷あり色々ありました。

人生には大きな転換期を迎える時がありますが、私にとっての転換期は、キャロルと出会い獣医師になったということ、そして、わんにゃんワールドどうぶつ病院が閉鎖されて、自分の動物病院を開業したことだと思います。

私の運命を変えた猫・キャロル

キャロルは私の運命を変えた猫。

私を獣医師にさせてくれて、そして最終的には西洋医学以外の治療の道を開いてくれた猫でした。キャロルとの出会いがなかったら、今の私も、こうご動物病院もなかったことでしょう。

キャロルは大病をした後、18歳まで生き、天国へと旅立っていきました。

今も毎日、多くの病気の犬や猫たちを診察していますが、西洋医学だけで治療をする日は一日たりともないですし、私が鍼灸治療をしない日もありません。

しかしながら、まだまだ西洋医学以外の治療を知らない飼い主さんもいます。

高齢でガンだからもう仕方ありません、とかかりつけのお医者さんに言われて、でも諦められなくて自分で調べて、うちの病院に来院される方もいらっしゃいます。

もっと、もっと多くの方に、西洋医学以外の治療方法もあるのだということを知ってもらいたいと思っています。

現代の犬や猫は昔よりも大切に扱われ、病気の予防や治療もしっかり受けて確実に寿命が長くなってきています。しかしながら、それに伴い人と同様に高齢化による問題も出てきています。

次の章では、高齢化する犬や猫に起こりやすいこと、幸せな高齢期を過ごすために若い時から気を付けると良いこと、そして避けては通れない終末期などのお話をしていきたいと思います。

Chapter 4

高齢化するペットの介護、幸せな最期の迎え方

高齢になって犬や猫の身体に現れる変化とは？

昔と比べて人の寿命が延びているように、現代の日本においては犬や猫の寿命も延びてきています。医療の充実により、昔だったら救えない命が救えるようになってきていること、また犬や猫が暮らす生活環境が、より良いものへと変わってきていることが大きな理由だと思います。

犬や猫が、私達にとってなくてはならない大切な家族の一員となったことで、必要な医療や安全な生活環境が用意されるようになったのです。

そして犬や猫が長生きしてくれて嬉しい半面、ペットの高齢化が様々な問題を起こすようにもなってきています。

よくあるのが、高齢になった犬が認知症になり、夜、大きな鳴き声をあげてしまうこと。そのことで飼い主さんが睡眠不足に悩んでしまっていたり、ご近所迷惑になるので何とかならないだろうかと悩み、ご相談に来たりすることも少なくありません。

こういった問題の解決策は後ほどご紹介するとして、まずは高齢になってくると、

犬・猫の年齢を人に換算すると ※年齢はあくまで目安です。

犬・猫の年齢		1歳	2歳	3歳	4歳	5歳	6歳	7歳	8歳	9歳	10歳	11歳	12歳	13歳	14歳	15歳	16歳	17歳	18歳	19歳	20歳
人に換算すると（歳）	小型犬	18	24	28	32	36	40	44	48	52	56	60	64	68	72	76	80	84	88	92	96
	中型犬	18	24	29	34	38	43	48	53	59	64	69	75	80	85	91	96	101	107	112	117
	大型犬	17	24	32	40	48	53	59	64	69	75	80	85	91	96	101	107	112	117	123	128
	猫	20	24	29	34	38	43	48	51	54	57	61	64	67	70	73	77	80	83	86	89

犬や猫の身体にどのような変化が現れるのかをお伝えしましょう。ちなみにいつから高齢になったと考えるかですが、一般的には小型犬や猫については7歳位から、大型犬については5～6歳位からと考えると良いかと思います。

高齢になって犬や猫の身体に現れる変化

1 感覚器の変化

人と同様に視覚や聴覚が衰えてきます。

わかりやすい変化として、以前だったら家族が家に帰ってくるとドアの開く音を聞きつけて（もしかして犬の場合はもっと早くに気付くかもしれません）、喜んでお迎えに来てくれていた犬や猫が迎えに来なくなったりすることもあるでしょう。

しかしながら、実は聴覚の衰えは良い面もあります。大きな音、例えば花火の音や雷の音などが苦手だったコが、耳が遠くなったおかげで気付かなくなったという事例は意外とあります。

また高齢になって白内障になり、見えにくくなることもあります。犬の場合だと、外がうす暗くなってからは散歩に行きたがらなくなる場合もあるでしょう。

2 関節、筋肉などの変化

高齢になり、足腰に関節炎などのトラブルを起こすコも多いです。関節炎があったとしても犬も猫も痛いとは言わないので、犬であれば散歩に行くのを嫌がったり、行ったとしてもすぐに帰りたがったりする場合もあるでしょう。

また触られるのを嫌がる場合もあります。特に犬の場合、足腰の関節に痛みが出ると、歩く時に前肢に体重をかけて、後肢にかかる体重を減らそうとする傾向があります。そうすると後肢や臀部の筋肉量が減り、結果としてお尻が小さくなったと感じるようになる場合もあります。

人間のお年寄りの腰が曲がって丸くなる人がいるように、犬の場合も背骨に変化が起こり腰が丸く湾曲する場合もあります。猫の場合、犬ほどわかりやすい症状が出ることは稀ですが、高齢猫の74％に実は関節炎があるというデータもあります。高齢になったので前のように走り回らなくなったり、高いところへジャンプしなくなったのかと飼い主さんが思っていても、実は動くことが痛みを伴うために、前ほど活発に動かなくなっていることもあるのでしょう。

3 被毛の変化

人が年を取ると白髪になるように、犬や猫も白い毛が混じってくることがあります。白い毛は口の周りや目の周りなどから現れ、徐々に身体全体に広がっていきます。

また若い時のような毛艶がなくなり、水分が少ないパサパサとした毛質になることもあります。ホルモンバランスが乱れて脱毛しやすくなってしまったり、一度、脱毛するとなかなか生えてこない場合もあります。

猫の場合には年を取ると毛づくろいをしなくなるため、毛玉ができることもあります。

犬の場合には、乳頭腫、いわゆる〝いぼ〟ができるコもいます。乳頭腫は1個だけのこともありますが、身体中にできてしまうコもいます。

4 口腔内の変化

犬も猫も虫歯にはなりにくいのですが、歯石が付いて歯周病を起こすことが多いです。歯周病になると歯がグラグラして抜けてしまったり、口臭も強くなります。犬の場合は、よくこの歯でごはんが食べられているなぁと思うような状態のコもいます。

このような変化は、突然、起こる訳ではありません。徐々に起きてくるので、なかなかそれが老化のサインであるとは気付かないことも多いかと思います。

また犬や猫はいつまでも愛らしい姿であるので、高齢になったことに気付きにくいような気もします。犬や猫の年齢を人間の年齢に換算すると、いつの間にか自分の年齢を超えておじいちゃん、おばあちゃん犬や猫になっていることもあるでしょう。

高齢になった犬や猫が今までとは違った行動をする際には、先にあげたような身体の変化が起きていると考えてあげても良いのではないかと思います。

また身体の変化ではないですが、高齢になると（人でもそうですが）犬も猫も頑固になることが多いです。特に犬ではその傾向を飼い主さんが強く感じることも多いと思います。今までだったら、言うことを聞いていたのに、嫌なものは嫌という反応を示します。言うことを聞いてくれなくなった、どうして！　と思うよりは、おじいちゃん、おばあちゃんになったのねと、優しい目で見てあげられると良いかと思います。

高齢になると認知症にも注意

高齢になると人と同様、様々な病気になることがあります。高齢だから仕方がないと思っていたことが、実は病気のサインである場合もあります。

高齢になって、夜、愛犬が大きな声で鳴いて近所迷惑で困るとご相談に来た場合、まず最初に考えなければならないのが、それが単純に認知症の症状からくるものなのかどうかです。

実は、身体のどこかが痛くて鳴いている場合や、高齢で腎臓の機能が弱まってオシッコが近くなり、オシッコがしたくて鳴いている場合もあります。

まずは動物病院で健康状態に異常がないかどうか診察を受け、その結果、認知症が原因で鳴いてしまっている場合には、いくつかの対処方法があります。

犬認知症の診断基準

出典：「内野式100点法」（動物エムイーリサーチセンター）

チェック項目		点数
食欲・下痢	1　正常	1
	2　異常に食べるが下痢もする	2
	3　異常に食べて、下痢をしたりしなかったりする	5
	4　異常に食べるが、ほとんど下痢をしない	7
	5　異常に何をどれだけ食べても下痢をしない	9
生活リズム	1　正常	1
	2　昼の活動時間が少なくなり、夜も昼も眠る	2
	3　昼も夜も眠っていることが多くなった	3
	4　昼も夜も食事以外は死んだように眠って、夜中から明け方に突然起きて動き回る 飼い主による制止が可能な状態	4
	5　4の状態を人が制止することが不可能な状態	5
後退行動（方向転換）	1　正常	1
	2　狭い所に入りたがり、進めなくなると、なんとか後退する	3
	3　狭い所に入るとまったく後退できない	6
	4　3の状態ではあるが、部屋の直角コーナーでは転換できる	10
	5　4の状態で、部屋の直角コーナーも転換できない	15
歩行状態	1　正常	1
	2　一定方向にふらふら歩き、不正運動になる	3
	3　一定方向にのみふらふら歩き、旋回運動（大円運動）になる	5
	4　旋回運動（小円運動）をする	7
	5　自分中心の旋回運動になる	9
排泄状態	1　正常	1
	2　排泄場所を時々間違える	2
	3　所構わず排泄する	3
	4　失禁する	4
	5　寝ていても排泄してしまう（垂れ流し状態）	5
感覚器異常	1　正常	1
	2　視力が低下、耳も遠くなっている	2
	3　視力・聴力が明らかに低下し、何にでも鼻を持っていく	3
	4　聴力がほとんど消失し、臭いを異常に、かつ頻繁に嗅ぐ	4
	5　嗅覚のみが異常に敏感になっている	6
姿勢	1　正常	1
	2　尾と頭部が下がっているが、ほぼ正常な起立姿勢をとることができる	2
	3　尾と頭部が下がり、起立姿勢を取れるがアンバランスでふらふらする	3
	4　持続的にぼーっと起立していることがある	5
	5　異常な姿勢で寝ていることがある	7
鳴き声	1　正常	1
	2　鳴き声が単調になる	3
	3　鳴き声が単調で、大きな声を出す	7
	4　真夜中から明け方の定まった時間に突然鳴き出すが、ある程度制止可能	8
	5　4と同様であたかも何かがいるように鳴き出し、まったく制止できない	17
感情表現	1　正常	1
	2　他人および動物に対して、なんとなく反応が鈍い	3
	3　他人および動物に対して反応しない	5
	4　3の状態で飼い主にのみかろうじて反応を示す	10
	5　3の状態で飼い主にも反応しない	15
習慣行動	1　正常	1
	2　学習した行動あるいは習慣的行動が一過性に消失する	3
	3　学習した行動あるいは習慣的行動が部分的に持続消失している	6
	4　学習した行動あるいは習慣的行動がほとんど消失している	10
	5　学習した行動あるいは習慣的行動がすべて消失している	12
合計		

合計点：30点以下…老犬、31点～49点…認知症予備犬、50点以上…認知症犬

ちなみに認知症の診断基準として、動物エムイーリサーチセンターの内野富弥先生が作成した「内野式100点法」というものがあります。10項目の合計点数で普通の老犬、認知症予備犬、認知症犬に分類します。愛犬が高齢になっている方は、ぜひやってみてください。ただしこの診断基準では完全に判定できない部分もあるので、認知症予備犬、認知症犬となってしまった場合は、愛犬をかかりつけの獣医さんに連れて行って、診察を受けて判定してもらってください。

猫にも、犬と同様に認知症があります。大きな声で夜鳴きをしたり、トイレを失敗したり、部屋の中を徘徊するかのごとくグルグル回ったり、ごはんを食べたのにまた欲しがったりというような症状が出ることが多いです。10歳以上の猫でこのような症状が出た場合、認知症の可能性があります。ただし犬と同様に腎臓病だったり、甲状腺機能亢進症というホルモンの病気だったり、高血圧によって起きていることもあるので、まずは動物病院で診察をしてもらうことが大切です。

認知症を治すことは残念ながらできませんが、最も飼い主さんが困ってしまう「夜鳴き」については、一般的には鎮静薬などを夜、飼い主さんが寝る前に飲ませ、落ち着かせるという方法があります。

鎮静薬は副作用があるので、なるべく身体に優しい対処法をしてあげたいということで、うちの病院では精神を落ち着かせるサプリメントや、第2章でご紹介したバッチフラワーレメディを処方することもあります。

そして何よりも、夜、鳴いてしまう犬の場合、体内時計がくるって昼夜逆転しているため、まずは体内時計をリセットすることも大切です。人間でも、夜に寝ないでテレビを見たりゲームをしていたら、日中、眠くなってしまうでしょう。犬も同じです。朝起きたらしっかり朝日を浴び、昼間は散歩に連れ出すなどして、刺激を与えて寝かさないようにすることが重要です。そして夜は部屋を暗くすることも必要です。

また犬も猫も寝る時にそばに寄り添ってあげて、身体を触ってあげると落ち着く場合もあるので試してみてください。

高齢期に向けての準備

犬友がいる方などは近所のあのコが高齢になった時に、飼い主さんが介護で大変そうだったけど、うちのコもそうなってしまうのかしら？　とか高齢になって病気になった時にはどうしたらいいのかしら？　とか高齢期に向けての不安を持っている方も少なくないと思います。一番心配な高齢期になりやすい病気とその予防については、後ほど詳しくお話しするとして、まずは高齢期になる前にお家でできる準備について、お話ししたいと思います。高齢期に向けての準備ができているかできていないかによっても、高齢期の過ごし方は異なってきます。

まずは高齢期に向けての準備として、犬や猫の健康状態について日記（記録）を付けておくと良いかと思います。毎日の食欲やお水を飲む量、体重やオシッコやうんちの状態、身体を触っていて気付いたことなどを記録すると良いでしょう。毎日記録を付けることで、いつもと違った場合に気付きやすくなるかと思います。また、どこかおかしくて動物病院に連れて行く場合でも、いつからそのような変化があったのかがしっかりわかるので、診察する時の資料にもなります。

歩き方がおかしいとか、咳をしたりとか、時々だけど変な行動が見られる場合には、携帯電話で動画を撮っておくことをおススメします。診察時に家で見られるような異常の症状が出ることは少ないので、実際に獣医さんに動画を見てもらうことで、言葉よりも正確にその異常を伝えることができるからです。

次に高齢期に向けての準備として、そのコが暮らす環境を整えていく必要があります。人でも高齢になったら、階段に手すりを付けたり、介護用のベッドを使ったり、車いすでの生活に対応できるように家をリフォームしたりすることがあるように、高齢犬、猫向けに、暮らしやすいように環境を変化させていくことは大切です。人ほど、大きな変化をさせなくても、ちょっとしたことを変えるだけでも高齢犬、猫になった時に暮らしやすい生活となることでしょう。

ただし気を付けなければいけない点として、高齢期向けに環境を変える際にあまり大きく変え過ぎない方が良いということがあげられます。生活環境があまりにも変わってしまうと逆にストレスになる場合もあります。また高齢で視力が弱まっている場合、今まで通りの環境でなくなることで、ぶつかったりして身体のどこかを傷つけてしまう場合もあるからです。あくまでも高齢になった犬や猫を想定して、安全に過ごしやすくなるように少し変化させる、という感じに思ってもらった方が良いかもしれません。

1 床材

足腰が弱まってしまった高齢犬の場合、フローリングだと滑ってしまい、立ち上がりが困難になる場合があります。

フローリングにペット用の滑りにくいコーティングをすることや、コルクや滑り止めマットを使って滑りにくい床にすることをおススメします。

また犬や猫が動く範囲内に段差がある場合には、段差をなくすようにした方が良いです。例えばよく飛び乗るソファがある場合には、スロープを用意してあげると良いでしょう。また今までだったら普通に降りていた段差でも、高齢になるとうまく降りられない場合もあるので、思わぬ事故防止のためにも、そういった段差は極力なくすようにした方が良いでしょう。

2 トイレ

意外と多いのが排泄トラブルです。

今までだったらトイレ以外ではしなかったのに、高齢になって認知力が弱まってトイレ以外でも部屋の中でオシッコやうんちをしてしまって困るということをよく聞きます。また高齢になって病気の影響でトイレが近くなることもあるでしょう。

そうなる前に大きめのトイレに変えてみたり、大きいペットシーツを主に過ごす場所に敷くのも良いかと思います。散歩でしかオシッコやうんちをしないコの場合、我慢できる時間が短くなってきたら、散歩の回数を増やす必要があるかもしれません。

最近はワンちゃん、猫ちゃん用のオムツを使う場合もあります。犬の場合には高齢期になる前にオムツに慣らすトレーニングができたら良いかと思います。普段から洋服を着ているコなどはオムツを嫌がることは少ないかと思いますが、そうでないコの場合、おやつなどを使ってオムツに慣らしていくのも一つの手段です。

人でもそうかもしれませんが、飼い主さんの中にはオムツに抵抗がある方もいらっしゃるかもしれません。しかし排泄の介護というのは、結構、精神的にキツイ場合も多いので、うまくオムツを使うことをおススメします。

3　温度・湿度

高齢になってくると寒がりになるコも多いです。そのコ、そのコの様子に合わせてお部屋の温度を変えてあげましょう。

また犬の場合では、特に小型犬では腰を冷やさないように冬はお洋服を着せてあげるのも良いでしょう。人の場合と同様、冷えは病気の元になる場合があります。

冬場、湿度が低く乾燥して、皮膚病などのトラブルが出る場合などは、加湿器を使って湿度のコントロールをすることもおススメしています。

いずれにせよ、犬や猫がいるのは床に近い位置となるため、温度計や湿度計は床近くに置いて、そのコに適した温度・湿度にしておくと良いでしょう。

大体の目安として、犬や猫に適した温度・湿度は以下の通りです。

- 温度　犬　18〜28℃
　　　　猫　20〜28℃
- 湿度　50〜60％

4　寝る場所（ベッド）

そのコのサイズに合わせて、少し大きめ位のベッドが良いでしょう。

また衛生的に常に保てるように、介護用の防水シーツを利用するのもおススメです。

ベッドを置く場所は家族の目が届くところで、犬や猫が安心して過ごせる場所を選んでもらうと良いかと思います。

高齢期に適した環境は、そのコそのコによっても多少異なります。環境を整えることは高齢犬・猫の身体のためだけではなく、介護が必要になった時に、飼い主さんの精神的・肉体的な負担軽減にもつながります。無理のない範囲で、そのコの様子を見ながら環境を少しずつ高齢期向きへ変えていってあげると良いでしょう。

また日々の生活においては、犬であれば愛犬が好きなこと、ドッグランに行ったり、ドライブに行ったりそのコによって様々かとは思いますが、好きなことを続けることは大切です。どうしても若い時に比べて活動性が低下すると、出かけることが少なくなりがちですが、好きなことを続けることは人と同様、若さを保つ秘訣です。動くことで体力・筋肉の維持にもつながります。

そして散歩に出かけた際、交差点で信号を待っている時には「お座り」をさせてください。信号が変わった際に、お座りから立ち上がることも筋肉維持につながります。平坦な道だけでなく坂道の散歩もおススメです。坂を上ることは筋トレになります。ただし、下り道や階段を下りることは負担になる場合もあるのでお気を付けください。

北海道の学生時代を一緒に過ごした私の愛犬チェルは、16歳まで生きてくれました。獣医師として高齢期に多い病気の知識はあり、気を付けていましたが、高齢期に向けての準備だったり、高齢犬の介護やケアについては正直、勉強不足でした。そのため、高齢期になる前にすべき準備や筋肉維持のためのお散歩などが足りなかったため、チェルは12歳を過ぎた頃から足腰が本当に弱くなってしまいました。散歩では足がプルプルと震え、ヨロヨロと歩き、家では滑ってしまうため、立ち上がるのが難しいこともありました。それも高齢だから仕方がないことと思っていました。

しかし同じ年齢の犬でしっかり歩いて散歩をしている患者さんの犬を見て、そういう訳ではないということを知りました。若い時には北海道の大地を駆け回っていたチェルだったので、高齢になっても元気に散歩に行きたかったのではないか。そう思うとチェルに申し訳なかったなぁと思います。

この本を読んで、飼い主さんが高齢期に必要なことや高齢期に向けての準備をしっかり行うことで、多くの犬や猫が高齢期を迎えても幸せに過ごせるようになればと思います。

高齢期の介護・ケア（犬の場合）

どんなに準備をしていても、老いは避けようがありません。高齢犬の場合、足腰が弱ったり、病気の影響などで動けなくなってしまうと、飼い主さんによる介護が必要になってきます。

動物の介護も人と同様、体力が必要です。小型犬であれば抱っこをして移動したりもできるのでそれほどではありませんが、大型犬となると、それなりの力が必要になってきます。

また「老老介護」という言葉があるように、高齢者の方が高齢の犬の介護をしなければならないこともあります。犬の場合も人と同じく、歩行（散歩）、食事、排泄、入浴などの介護が必要になってきます。

では実際に介護が必要になった時、どのようなことをすれば良いのでしょうか。

1　歩行（散歩）の介護

人と同じく、適度な運動（散歩）は高齢になっても必要です。散歩の目的は運動だけではなく、外に行くことで気分転換になったり、衰えゆく脳への刺激にもなります。

若い時の散歩とは違い高齢になってきて身体が変化してきていることもあるので、それに合わせて散歩も工夫したり、歩行の補助具を使った方が良い場合もあります。

首にトラブルがある場合や気管が弱い犬の場合、首輪での散歩は負担がかかってしまうので、胴輪に変えましょう。

高齢になってきて後肢の動きが悪くなったり、弱くなってきている場合には、後肢を補助するタイプの歩行補助具を使うと良いでしょう。また後肢を引きずってしまい傷ができるような場合は、犬用の靴を履かせて散歩することで肢の保護をした方が良いでしょう。

高齢になると歩くペースもゆっくりになってくるので、無理せず、様子を見ながら適度な休息をとって散歩をしましょう。

高齢になってきて散歩に行きたがらなくなった場合、関節などの痛みが出ている場合もあるので、動物病院に行って診察を受けた方が良いでしょう。症状に合わせて、鎮痛剤が処方されることもあるし、グルコサミン、コンドロイチンなどのサプリメントを処方されることもあります。

若い時から股関節や膝関節などの異常を指摘されている場合には、その時には症状はなくても、高齢になってきてトラブルが出ることもあるので、うちの病院ではサプリメントの投与を若いうちから勧めています。また太っている場合には関節に負担がかかるので、適正体重までダイエットをするようお話ししています。

2 食事の介護

高齢になってきて歯周病などの口腔内トラブルがあると、ドライフードが硬くて、食べたくても食べられないということがあります。そういう場合はドライフードをふやかしたり、缶詰を利用したりしても良いでしょう。また高齢になると便秘になるコも多いので、食事に水分を含ませるというのは大切です。ふやかしたドライフードや缶詰は、温めるとより嗜好性も上がって食べやすくなります。

足腰が弱くなってきている場合には、食事は痛みが出ない体勢で取れるようにしましょう。また首周囲に異常があると、首を下に曲げて食べるのが痛い場合もあるので、そういった場合はお皿の位置を少し高くして、首の負担が少なく食べられるようにしてあげると良いでしょう。

食欲はあるけど、自力でうまく食べられない場合は、スプーンや注射器（動物病院でお願いすればもらえると思います）を使って食事の介護をしてあげることになります。

人と同様に年を取って、嚥下反射が弱くなっていることもあるので、そういった場合には誤嚥に気を付けるようにしなければいけません。

膝にのせて頭の位置を高くしたり、大型犬の場合は枕を入れたりして、頭の位置を高くすると良いでしょう。食べるペースも昔と違って時間がかかることが多いかと思います。焦らずにゆったりとした気持ちで介護に当たることも必要です。

3 排泄の介護

高齢になってくると便を溜めがちになり、便秘になる犬が多いです。人間もそうですが、適度な運動は腸を刺激して排便がしやすくなるので、そのためにも毎日の適度な運動は必要です。

また、なかなか出ない場合は、お家でお腹を時計回りにマッサージすることで、腸の蠕動運動を刺激して排便しやすくなるのでおススメです。

便を溜めがちになる原因としては、下腹部へ力を入れて踏ん張る姿勢をとるのが負担になり、辛くて我慢するようになってしまうことが考えられます。高齢になって関節炎になったり、背骨に変形が出たりした場合は特にそうです。そういう時は動物病院で相談して、鎮痛薬や関節炎のサプリメントを処方してもらっても良いでしょう。

排便の介護では、食後の便意が起きている時を見逃さずに排便を促すことも大切です。毎日の生活リズムにおいて、食後どの位の時間で便意が起きるかは個体差もあるので、そのコ、そのコのタイミングをつかめるようになると、介護しやすくなるでしょう。

またちょっとした肛門の刺激があると排泄が促されやすくなるので、ベビーオイルなどを塗った綿棒を、少しだけ肛門の中に入れて刺激して排泄しやすくする、ということもできます。犬のサイズによってもどの位まで入れたら良いかは違うので、動物病院で獣医さんにアドバイスをもらうと良いでしょう。

便は溜めがちになることが多いですが、排尿は以前のように我慢ができずに、トイレ以外でしてしまったりすることが多いかと思います。排尿で汚れた部屋を掃除することは大方の飼い主さんにとって、ストレスになるでしょう。

そういった場合、オムツを利用することを勧めています。オムツは犬のサイズに合わせて各種ありますが、人用のオムツの方が価格が安いため、人用のオムツを代用することも可能です。人用のオムツを使用する時には尻尾の部分に穴を開け、中の吸収ポリマーが出ないようにテープで止めると良いでしょう。

オムツは便利ですが、排泄した後もオムツを着けたままだと蒸れてしまって皮膚炎を起こしたりすることもあります。特に夏場は要注意です。排泄後はなるべく早めに交換できると良いですが、できない場合、オムツをずっと着けたままではなく、時々、オムツを外す時間も作れると良いかと思います。

また膀胱の筋肉の収縮力の低下によって、膀胱内の尿を全て自分の力で排出できなくなることもあります。膀胱に尿が残った状態だと、そこに細菌が繁殖して膀胱炎になってしまうこともあります。そういった場合には膀胱を外から圧迫して排尿の手伝いをしたり、オスの場合だと、尿道にカテーテルを入れてそこから排尿をさせるという方法もあります。

いずれにせよ、獣医さんの指導のもと、飼い主さんが行うことができますが、やり方を間違えると別の病気を引き起こしてしまうこともあるので、しっかり教わってからお家で行うことをおススメします。

4　入浴の介護

高齢になって皮膚の免疫力も落ちている犬にとって、入浴やシャンプーをすることで皮膚を清潔に保つことは大切です。しかし、水嫌いな犬も多いため、入浴がストレスになることもありますし、入浴で体力を消耗することもあるので、入浴ができる状態なのかどうかを獣医さんに確認してから行うようにした方が良いかと思います。

お家での入浴に慣れていない場合には、信頼できるトリミングサロンや動物病院でシャンプーをしてもらう方が安全です。

家で入浴させる場合には、可能な限り排泄を済ませた後で、ブラッシングをしてから入浴させると良いでしょう。なるべく風呂場と脱衣所の温度差をなくしておいた方が負担が少ないので、冬の場合には風呂場の床にシャワーをかけて温度を上げておいたり、脱衣所はヒーターなどを置いて温めておくことをおススメします。

風呂場の床は滑りやすいのでマットなどを使用して滑らないようにしておきましょう。万が一の可能性を考え、入浴はかかりつけの動物病院が開いている日中に行い、様子をよく観察し、おかしい場合は無理せず中止した方が良いです。

体調を見ながら、全身のシャンプーが難しい場合は、日ごとに部分洗いをするのも良いでしょう。また洗いにくい顔の部分などは、柔らかいスポンジなどを利用して、濡らして拭き取ったりするのも一つの手です。体調があまりにも悪い場合には、水のいらないシャンプーや、お湯で濡らして絞ったタオルなどを使い、全身を拭いてあげるだけでも良いかと思います。3枚のタオルを用意して、顔、身体、陰部の3か所を、それぞれのタオルを使って優しく拭いてあげましょう。

介護状態になると、飼い主さんがやらなければならないことが色々と出てきますが、何でもかんでも介護をするというのではなくて、そのコができることはなるべくそのコにさせるというのも重要です。飼い主さんが手伝ってしまうと、できていたことがすぐにできなくなってしまうので、極力、そのコにさせるようにしましょう。あくまでもそのコができないこと、負担になることをお手伝いするという感じのスタンスでいくと良いかと思います。

人の場合、介護は家族がすることもありますが、介護士の人が来てくれたり、デイサービスだったり、老人ホームに入って介護をしてもらったり、様々な介護の方法があるかと思います。犬の場合は基本的に飼い主さんが介護をすることになりますが、最近では人と同じく高齢犬用のデイサービスであったり、老犬ホームもできてきました。まだまだ少ないですが、そういった施設を利用することも良いかと思います。

動物病院によっては、高齢犬のデイサービスとまではいかなくても日中だけ預かってくれるところもあるかと思うので、獣医さんに相談しても良いでしょう。独りで介護をしていると、精神的にも肉体的にも行き詰まってしまうことがあるので、無理し過ぎないことも大切です。施設や介護用品なども利用して、頑張り過ぎずに、適度に力を抜いて介護をしていくと良いと思います。

高齢期の介護・ケア（猫の場合）

高齢犬と同じく、高齢の猫でも介護が必要になることもありますが、高齢犬ほど手がかかることは少ないでしょう。

1 食事の介護

猫も高齢になってきて、歯周病などの口腔内トラブルでドライフードが食べにくくなることがあります。高齢犬と同じく、ドライフードをふやかしたり、缶詰を利用したりしても良いでしょう。

特に猫は高齢になると便秘になるコも多いので、食事に水分を含ませるのは大切です。便秘の場合、フードを繊維質の多いものに変えたり、乳酸菌などの腸内環境を良くするサプリメントを使っても良いでしょう。

また首や足腰への負担を考え、お皿の位置を少し高くして、できるだけ楽な体勢で食事ができるようにすると良いでしょう。また犬の場合と同じく、食欲はあるけど、自力でうまく食べられない場合は、スプーンや注射器を使って食事の介護をしてあげることになります。

2　排泄の介護

足腰が弱くなった高齢猫は、今まで普通に行っていたトイレも行きにくくなることがあります。少しの段差や、トイレまでの距離が障害になる場合もあります。トイレを我慢することで膀胱炎になったり、腎臓に負担がかかることも考えられます。なるべくトイレに行きやすい環境を作りましょう。入り口の低いトイレに変えたり、トイレの場所を行きやすい位置に変えるのも状況によってはありかと思います。

さらに足腰が弱くなってきた場合には、トイレをしている間、猫の身体を少し支えてあげても良いかもしれません。

また高齢になってくると毛づくろいをして自分の身体を綺麗にしたりすることもなくなってきます。トイレの後、お尻周りが汚れてしまうような場合には拭いてあげて、清潔に保つようにした方が良いでしょう。粗相をするようになるのであれば、猫用のオムツを使用するのも良いかと思います。

3　身体のお手入れ補助

若い時には綺麗に毛づくろいをしていた猫でも、高齢になって身体の柔軟性がなくなってくると、後肢や肛門の周りなど身体を曲げないと届かない場所の毛づくろいをしなくなります。そうすると、長毛種でなくても毛玉ができることがあります。毛玉ができると皮膚炎になってしまうこともあります。

そのような場合、猫の代わりに飼い主さんがブラッシングをしてあげる必要があります。ブラッシングのためのブラシは色々ありますが、猫が嫌がらない柔らかいブラシを使って、定期的にブラッシングをしてあげると良いでしょう。高齢になると飼い主さんと遊ぶことも少なくなってくるので、優しくブラッシングをしながらコミュニケーションを取るのも大切です。

また高齢になると爪とぎもしなくなり、爪が長くなったり、若い時に比べて爪が厚くなることもあります。爪切りをしないと肉球に刺さってしまうこともあります。今まで使っていた猫用の爪切りが使いにくくなった場合には、犬用の爪切りを使って定期的に爪を切ることをおススメします。家では難しいようなら、かかりつけの動物病院に連れて行って定期的に切ってもらうと良いでしょう。

ペットのアンチエイジング

高齢犬・猫になって身体が衰えていくのは仕方がないですが、できれば人と同じくいつまでも若々しく過ごせるように、老化を遅らせてあげられたら何よりですよね。

うちの病院ではアンチエイジングとして、鍼治療やオゾン療法をすることもあるのですが、それに加えて「アンチエイジング・高齢期向けメニュー」として、外部より先生をお招きし、様々なケアや施術を提供しています。

1 シニアケア

老犬介護士の平端弘美先生に定期的に来てもらって、そのコ、そのコに合ったケアプランを立ててもらい、ケアを行っています。

まだ高齢期にはなっていないけど、その前になるべく衰えないようにアンチエイジングとしてケアする場合や、すでに後肢が弱くなってきたコが、これ以上衰えることがないように行う場合があります。足湯やマッサージ、脳トレーニングを兼ねたゲームなど、必要なケアを行ってもらっています。また飼い主さんがお家でできるケアについても指導しています。

お悩みに合わせた単発のシニアケアもありますし、カウンセリングをしてそのコに合ったケアプランを立て、3回で行うコースもあります。1回の施術は、約45分間です。

ドッグアナトミー整体を受けている凜ちゃん

2 ドッグアナトミー整体

犬も人と同様、高齢になると筋肉の衰え、骨格の歪み、それに伴う麻痺や痛みなどが身体の随所に現れてきます。また患部から離れているところに負荷がかかって、別の場所が痛む場合もあります。

ドッグアナトミー整体は犬の身体全体のバランスを見て、患部だけでなく負荷がかかっているところにも働きかけ、最終的に身体全体のバランスを整えていく整体です。

手技だけでなく「PNF　Lite」という電気治療器を用いて施術を行います。これは人にも使える優しい電気でグローブ式の電極を使い、もみほぐしながら電気治療が行えるので効果が早く現れるのが特徴です。

施術前後で比べてみると、明らかに身体のバランスが整っているのがわかります。1回の施術は約45分間となります。前述のケアプランと同じく、老犬介護士で整体師でもある平端弘美先生が施術をしてくれています。

3　ゆるりんケア

筋肉を緩めて、全身の体液（リンパ）の代謝と循環を促すことに着目した、新しい全身ケアです。優しいタッチで、皮膚表面から身体内側の筋肉の細部までアプローチし、緊張やこわばりをほぐしていきます。筋肉をほぐすことで身体の構造的な修正を行い、老化による歪みや生活習慣によるクセ・不具合を楽にしていきます。

関節の硬直、座り方の崩れ、歩行の歪み、肩こりによる胸部狭窄、足先が冷たい、食事の食べ方が遅くなった、腰が上がってきて後肢が弱ってきた、といった場合におススメです。

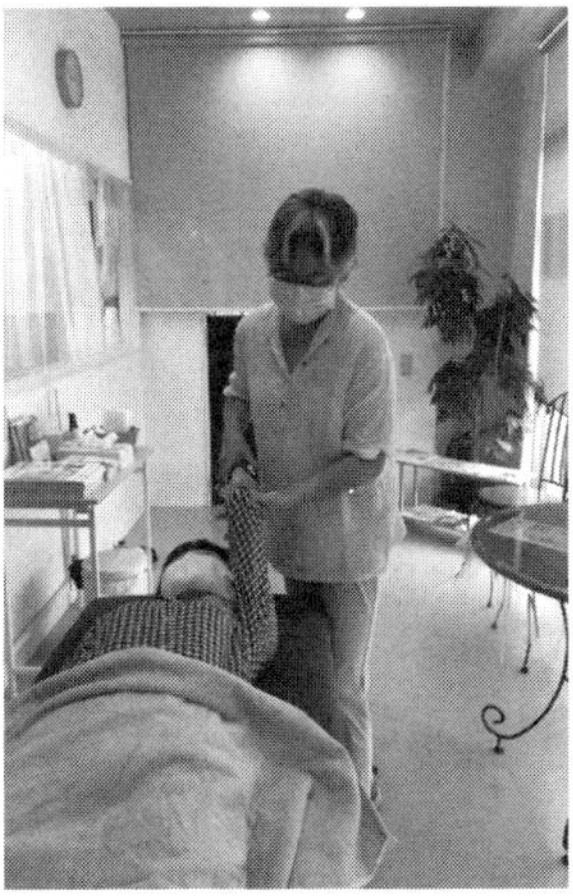
飼い主さんのゆるりんケア

施術を受けると気持ち良くてゴロンとする、もろっこちゃん

また筋肉がほぐれて動きが良くなることで、正常な筋肉運動により循環・代謝が良くなります。全身の循環・代謝が改善されることにより、自然治癒力が増し、老化や疾病に対する抵抗力も増します。

ゆるりんケアは、アンチエイジングとして若いコの健康維持・増進にもなりますし、シニアのコであれば生活の質の向上のお手伝いになります。1回の施術は猫・小型犬で約30分間、大型犬で約45分間となります。施術は東京都内で漢方薬局を経営していて、健康に関する知識も豊富な小山如子先生が行ってくれています。

なお、小山如子先生はもともとは人の

ケアの専門家のため、飼い主さんの施術も、うちの病院で行ってくれています。犬や猫の施術で気持ち良さそうになっているのを見て、飼い主さんが「私の施術もお願いします」と頼まれる場合もよくあります。

レイキヒーリング

レイキヒーリングとは日本発祥のエネルギー療法です。イギリスやカナダでは健康保険が適用され、補完医療として人の病院などでも使われています。

「レイキ」と呼ばれる特別なエネルギーを、手のひらを通して人や動物に流すことで気の滞りをなくします。身体を、本来の自然治癒力の高い健康な状態へと向かわせるヒーリングです。

施術を受けているライチちゃん

人によって感覚は違いますが、レイキを受けると温かさを感じたりピリピリとした電気が流れるような感覚を受け、心身ともに癒やされていきます。レイキヒーラーでＪＰＴＡ免疫マッサージインストラクターの向後哲郎先生が施術をしてくれています。

以上、ここでご紹介したどの施術も犬や猫にとって快適なようで、気持ち良さそうな顔をしてウトウトしたり、ゴロンと横になってしまうコをよく見かけます。

専門の先生は定期的に来ているので、１回だけではなく、継続的に施術をすることをおススメしています。また鍼灸治療やオゾン療法との併用療法も効果的なので、組み合わせて行う場合もあります。

高齢期のペットの病気

犬や猫は高齢になると、どんな病気になることが多いのでしょうか？　ここからは、高齢の犬や猫に多い病気についてお伝えしたいと思います。また病気を早期発見するために、日頃、気を付けたい点についてもお伝えしていきます。

1　心臓病

犬の場合は僧帽弁閉鎖不全症、猫の場合は心筋症になることが多いです。

僧帽弁閉鎖不全症は、左心室と左心房の境目にある僧帽弁が変性し、血液の逆流を生じる病気です。血液の一部が逆流するため、心臓から全身へ送られるはずだった血液量が減少することで、様々な症状が現れます。症状がひどくなると咳をしたり、さらにひどくなると肺に水が溜まり（肺水腫）、命に関わることもあります。

心筋症は、心臓の筋肉（心筋）が厚くなったり逆に薄くなったりすることで、全身に血液を送る心臓のポンプとしての作用が悪くなる病気です。猫の場合、心臓の筋肉が厚くなる肥大型心筋症が多いです。血液の循環が悪くなり、胸に水が溜まり(胸水)、呼吸が苦しくなったり、また血液の流れが悪くなることで血栓ができることもあります。血栓が詰まってしまうと、後肢が麻痺したりすることもあります。心臓は全身の循環に関わる大切な臓器です。心臓の病気になると命に関わることもあります。

初期の心臓の異常では、普段の生活は問題なく送れるため、飼い主さんが異常に気付くのは難しいかもしれません。しかし悪化してくると動くことが負担になり、犬の場合、昔に比べて散歩を嫌がったり、少しの散歩でハアハアと息が切れたり、疲れやすくなる場合があります。そういった症状が見られた時は「高齢だから」で済まさず、動物病院で診てもらうと良いと思います。

心臓病の診断は聴診に加えて、レントゲン検査、超音波検査、心電図検査、血圧測定などを行います。猫の場合、色々な検査がストレスになってしまうこともあるので、最低限の検査と心臓から出るホルモンの血液検査をすることもあります。

初期の心臓病の場合は、特にお薬などは処方されず経過観察となることもありますが、ある程度進んだ心臓病の場合、一般的には内服薬が処方されます。内服薬の種類は色々とありますが、お薬は使うことで心臓を楽に働きやすくさせるものであって、悪くなった心臓を治すものではありません。最近では、犬の僧帽弁閉鎖不全症の場合、専門病院で外科手術を受ける方法もあります。

いずれにせよ、心臓病の場合、どのような治療を行っていくかは、かかりつけの獣医さんとしっかり相談していくことになるでしょう。

2 慢性腎臓病

高齢の犬や猫は、腎臓が悪くなることもよくあります。腎臓は尿を生成して身体の老廃物や毒素などを体外へ排出する臓器です。腎臓が悪くなると老廃物を排出できず、身体の中にそれが溜まり、食欲低下や嘔吐を引き起こすこともあります。またオシッコを濃縮することができなくなってしまうので、薄いオシッコを大量に排泄して、よく水を飲むようになります。

腎臓病になっているかどうか、血液検査で腎臓の数値を調べることでわかりますが、腎臓の機能が75%位落ちてこないと血液検査の数値に反映されません。最近では腎臓の機能の40%位が落ちた段階でわかる血液検査（SDMA検査）もあります。

また、犬や猫を動物病院に連れて行かなくても、尿を取って検査をすることで腎臓の機能（濃縮力）を調べることができます。動物病院に連れて行くことが難しい場合、まずは尿検査をしても良いでしょう。人と同じく、朝の最初の尿で検査をしてもらってください。ちなみに腎臓病以外でも、糖尿病や肝臓病、ホルモン異常などの場合もお水を飲む量やオシッコの量は増えます。普段からお水を飲む量やオシッコの量には気を付けてください。

腎臓病の診断では、尿検査や血液検査の他、レントゲン検査や超音波検査で実際の腎臓がどのような状態になっているかを調べたりもします。

腎臓病の治療では食事療法やサプリメントの使用、内服薬、また脱水症状があれば点滴治療なども行います。心臓病の治療と同様、悪くなってしまった腎臓を治すには腎臓の移植でもしない限り無理なため、とにかく早期の発見、早期の治療が大切です。高齢になってきたら、まずは水を飲む量や尿の色、量などに気を付けてもらいたいと思います。

腎臓病の予防として、水分をしっかり取ることもおススメします。食事の時以外にも、水分が常に取れるようにしておきましょう。あまり水を飲まないコの場合、肉のゆで汁を用意したり、ぬるま湯にすることでもいつもより水分を取りやすくなるかと思います。

また水が入っている入れ物を変えるだけで、水をよく飲む場合もあります。ペットショップや通販などで、犬や猫がよく水を飲んでくれる陶器の器が販売されています。猫の場合、流れる水だとよく飲むコもいます。そういうコには、中央から水が泉のように湧き出るタイプの自動給水器もあります。

3 歯周病

前述したように、犬や猫は虫歯になることはほとんどありませんが、歯石が付いて歯周病になることが多いです。歯周病になって歯がグラグラして抜けてしまったり、ひどい口臭がする場合もあります。

口の中は外から見える部分でもあるので、内臓の病気と違い、飼い主さんが気にして病院に連れてくることも多いのですが、すでにひどい状態であることもままあります。

犬の場合、歯周病になってしまうと歯の感染が鼻の方まで伝わってしまい、鼻水やクシャミが出たり、頬の部分が腫れてしまうこともあります。そんな状況になっても、普通にごはんを食べているコもいますが、猫の場合は、歯周病になると食べたいのに食べられない、という状態になってしまうこともあります。歯周病になっている口でごはんを食べることで、口の中にいる細菌を体内に取り込んでしまい、心臓病や腎臓病などを引き起こす場合もあります。

歯周病になってしまったら、歯石を取り、歯周病に冒されてしまった歯を抜くしかありません。犬や猫の場合、そういった歯の処置は一般的には全身麻酔をかけて行うことになります。グラグラになった歯を抜くのは簡単ですが、そうではない、しっかりとした歯を抜くのは大変です。頬が腫れたり、鼻水やくしゃみが出るような場合には歯周病が進行していると考えられるため、うちの病院ではそういうコの場合、歯の専門医がいる病院を紹介したりしています。

歯周病の予防としては歯磨きが一番です。若いうちから歯磨きをする習慣を付けると良いかと思います。高齢になってから歯を綺麗にしたいと思い、歯磨きを始めるのはなかなか難しいです。どうしても歯磨きができないという場合には、歯磨きガムや口腔ケア用のサプリメントなどを使うのも良いかと思います。

4 腫瘍

人と同じく、高齢になると腫瘍になる犬や猫も最近では多いです。体表にできた腫瘍であれば普段からよく触っていると、異常に気付く場合もありますが、内臓にできたものであると、気付くまでに時間がかかることもあると思います。

腫瘍には良性腫瘍と悪性腫瘍があります。良性腫瘍であれば、他の場所に転移したり、他の正常組織が摂取しようとする栄養を奪って痩せたりするような悪液質と呼ばれる状態になることはありません。悪性腫瘍の場合には、転移したり、腫瘍を切除したとしても、ガン細胞が残っていた場合、再発することもありますし、悪液質の状態になることもあります。

出来物が良性腫瘍なのか悪性腫瘍なのかは、見た目だけで判断することはできません。そのため一般的には出来物に針を刺し、細胞を取って診断をする細胞診の検査をおススメします。針先の一部で取れた細胞で判断するので100％の診断にはなりませんが、良性腫瘍なのか悪性腫瘍なのか、またそれ以外のものなのか、大体の目安は付きます。細胞を取りにくい腫瘍の場合、診断のために一部を切除することもあります。その場合は、局所麻酔または全身麻酔が必要になると思います。

腫瘍ができたら、まずは身体に負担がかからない細胞診、血液検査、レントゲン検査、超音波検査などで他の部分にも腫瘍がないか、または転移がないかを調べます。それでもしっかりとした診断ができない場合、MRIやCT検査、麻酔をかけての腫瘍の一部切除または全切除が必要になることもあります。

悪性腫瘍の場合の標準的な治療は、外科手術、抗ガン剤治療、放射線治療ですが、うちの病院で行っているような高濃度ビタミンC点滴療法などもあります。

腫瘍も、種類によっては予防することができるものもあります。例えば、卵巣の腫瘍や精巣の腫瘍は、避妊・去勢手術をすれば防ぐことができます。また雌犬、雌猫に多い乳腺腫瘍も、早いうちに避妊手術をすることで発生率を低くすることができます。うちの病院では、犬の場合、初回の発情が来る前までに避妊手術を、猫の場合も1歳までには手術をするようおススメしています。

しかしながら、ほとんどの腫瘍は予防することができませんし、なぜ腫瘍になってしまったのか、原因がはっきりしないことがほとんどです。腫瘍ができてしまった時には、なぜできてしまったのだろうとか、自分の何が悪くてこうなってしまったのだろうというような悩みは、持たない方が良いかと思います。特に真面目な飼い主さんに、そういった傾向があります（汗）。

腫瘍は予防が難しいので、早期発見できるようにすることが一番大切です。高齢になってきたら、血液検査やレントゲン、超音波検査など、年に2回の検査ができると良いかと思います。そして、やはり普段から様子をよく観察して、いつもと違うようであれば動物病院に相談することをおススメします。また繰り返しになりますが、犬や猫が身体から出す尿や便なども体内に異常があれば何らかの変化を示すことがあるので、そちらについても注意して見ておくと良いでしょう。

5 関節炎

高齢になってくると前肢や後肢に関節炎を起こすことが多いです。関節炎は命に関わる病気ではありませんが、痛みを生じるため、犬や猫にとって生活の質を落としてしまう病気の一つであると言えます。散歩に行くのを嫌がったり、階段の上り下りをしなくなったり、足を触られるのを嫌がる場合もあります。

人と同様に寒い時期、また湿度が高い梅雨の時期などには、特に症状が出やすい傾向があります。関節炎の診断は触診で関節の動きを見ることでわかることもありますし、飼い主さんが気付いていない場合でも、レントゲン検査でわかることがあります。

大型犬に多いのですが、股関節形成不全があると、高齢になって関節炎を起こすことがあります。また小型犬に多い膝蓋骨脱臼（パテラ）の場合も、日常的に脱臼を繰り返すことで関節表面の軟骨がすり減り、将来的に関節炎の発症につながることがあります。若い時に股関節形成不全や膝蓋骨脱臼があると診断された場合には、将来的な関節炎の予防として、若い時からできることを行っていくことをおススメします。

まずは足に負担がかかるような環境であれば、改善していくことです。こちらも繰り返しになりますが、高齢時の環境準備と同じく、フローリングであればコルクやマットなどを敷いたり、特殊なコーティングをして床を滑りにくくするなど、関節への負担を軽くすることが大切です。足裏の毛が長いと特に滑りやすいので、毛は定期的に切って短くしておくことをおススメします。

関節炎は完治させることが難しいため、痛みを緩和したり、関節機能を向上させて関節の変形の進行を遅らせるなどの治療を行います。痛みがある場合には、鎮痛剤を使うこともあります。また患部に5分ほど当てることで、血行を良くし炎症や痛みを緩和することができるレーザー治療もおススメです。レーザー治療は痛みも副作用もない安全な治療法です。

関節炎にならないための一番の予防は、しっかりとした筋肉を付けることです。関節を支えるのはその周りにある筋肉だからです。そのためにも毎日の散歩、運動は必要です。若い時からしっかりとした散歩や運動をして、シニアになってからも続けていくことが必要です。

現代の犬、猫は肥満のコが多いですが、体重が重いと足腰への負担は大きくなってしまうので、太っている場合はダイエットも必要です。人と同じく関節炎用のサプリメントも色々とあるので、股関節形成不全や膝蓋骨脱臼などがある場合は、若い時から続けられやすいもので、食事にサプリメントを取り入れるのも有効だと思います。関節炎がある場合、その周囲の筋肉が硬くなっていることがあるので、お家でマッサージをしてあげるのも良いかと思います。

6 ホルモン異常

犬の場合は甲状腺ホルモンが低下する甲状腺機能低下症、猫の場合は甲状腺ホルモンが過剰となる甲状腺機能亢進症を起こすことがあります。甲状腺ホルモンは全身の代謝に関わるホルモンなので、少な過ぎても、多過ぎても問題を起こします。

犬の甲状腺機能低下症の場合、以前に比べて元気がなくなってきたり、同じ量を食べているのに太りやすくなったり、体温が下がりやすくなって寒がりになる場合もあります。また皮膚の代謝障害によりフケが出たり、脱毛（特に尻尾など）することもあります。いずれの症状も飼い主さんから見ると、「高齢になったから、そういうものかしら」と思ってしまうような感じで、病気になっていることに気付きにくいかと思います。たまたま病院で、健康診断の一環として甲状腺ホルモンの検査をしたら見付かったということもあります。

猫の甲状腺機能亢進症の場合、犬とは逆に行動が活発になったり、大声で鳴いたり、食欲があって食べているのに痩せてきた、というような症状を起こします。犬の場合と同じく、一見すると病気のサインとは気付きにくいと思います。

甲状腺機能低下症も亢進症も、甲状腺ホルモンの量を測定することで診断ができます。ただし甲状腺ホルモンは、前に述べた心臓病、慢性腎臓病、腫瘍、その他様々な病気でも低下することがあります。ですので、甲状腺機能低下症を診断する場合には、甲状腺ホルモンの数値だけで判断するのではなく、他の疾患がないかどうかを見たり、一般的な血液検査や症状なども見て総合的に判断します。

犬の甲状腺機能低下症の治療は、甲状腺ホルモンを薬で補充することで行います。薬を始めたら、一定期間の後に再び甲状腺ホルモンの数値を測定し、しっかりホルモン値が上がっていること（上がり過ぎていないこと）を確かめます。治療がうまくいけば、甲状腺機能が低下して出ていた症状が、少しずつ良くなっていきます。稀に、血液検査で甲状腺機能低下症が見付かり投薬を始めたら「今までより元気になりました、年を取ったから元気がなくなっていたと思っていたのに、病気だったのですね」と言われることもあります。甲状腺機能低下症は治癒することはないので、甲状腺ホルモン剤は生涯にわたって必要となりますが、しっかり薬で治療できれば予後は良好な病気です。

猫の甲状腺機能亢進症の治療は、甲状腺ホルモンの合成を抑制する薬を投与することが多いです。犬の場合と同じく、一定期間の後、甲状腺ホルモンの数値を測定し、また猫の症状を見て薬の投与量を決めていきます。

甲状腺機能亢進症用の処方食があるので、食事を変える方法で治療することもあります。ただし、この場合には、他のフードを食べてしまうと処方食の意味がなくなってしまうので、他の物は食べないようにしなければなりません。

手術によって甲状腺を摘出して治療することもありますが、高齢になってからこの病気が見付かることが多いので、手術はしたくないという患者さんが多いです。うちの病院では内服薬で治療しているコがほとんどです。

甲状腺機能低下症も亢進症も予防は難しいので、高齢になってきたら甲状腺ホルモンも含めて、全身の血液検査を定期的に受けることをおススメします。

高齢期になりやすいこれらの病気については、医学の進歩とともに、治療薬の開発もどんどん進んでいます。早期発見することで早期に治療をスタートすることができます。そのためには常日頃から愛犬や愛猫の様子をよく見て、すぐに「高齢だから」と片付けないこと。気になる症状があれば、早めにかかりつけの獣医さんに相談することをおススメします。

また何度も言いますが、定期的な健康診断も健康で長生きするためには重要です。若いうちから高齢期のことを意識して、日々の生活を送るようにすると良いと思います。

幸せな最期を迎えるための病気との向き合い方

全ての飼い主さんに起きること、それは愛犬・愛猫とのお別れです。

当たり前ですが、犬や猫の寿命の方が私たち人間よりも短いので、最期を看取るのは通常、飼い主さんです。そして、何の病気もなく寿命を迎えることができれば良いのですが、人でも全く異常がない高齢者は少ないように、犬や猫も高齢になってくると何らかの病気になることがほとんどです。

病気が見付かった時、「なぜ、うちのコが」という思いを抱えることもあるでしょう。病気になってしまった原因がハッキリとわかる場合もありますが、高齢になってかかる病気の場合、何が悪かったということではなく、高齢になることで身体の機能が弱まってそういう状態になるということも多いのです。

過去にさかのぼって病気の原因を追求する方がよくいらっしゃいます。あげていた食事が良くなかったのかしらとか、もっと私が気を付けて見てあげていたら、とか。また、未来に対しての不安が出てくることもあります。この先、このコはどうなるのだろうか、病気で苦しむことになるんじゃないだろうか、など。でも、過去を憂いていても、未来に不安を持っていても、残念ながら何もプラスにはなりません。

大切なのは今、この時だと私は思います。

大切なコの死が病気の先に見えてきたからこそ、より一層、今を感じることができるのかもしれません。

一緒に過ごせる今、この時をいかに過ごすのか。

年を取ってきて昔のようにどこかへ連れて行ってあげられていないなぁ、というのであれば、無理のない範囲で一緒にお出かけするのも良いかもしれません。歩くのが大変になってているのであれば、カートに乗せて連れて行ってあげても良いでしょう。

昔のように触れ合う時間が少なくなってきているのであれば、ぬくもりを感じるような触れ合いを増やすことも良いかもしれません。

一緒に過ごせる今を大切にし、そして未来に向かって、そのコがより良い時間を過ごせるようにかかりつけの獣医さんとしっかり相談すること。それが大切なコに対して飼い主さんができることだと思います。

飼い主さんが選んだ治療をペットも最善と考えているはず

少しでも、一日でも長く大切なコと一緒にいたい、とあなたは思うでしょう。もちろんそうなるように治療はしていきますが、長さだけにとらわれるのではなく、QOL（クオリティ・オブ・ライフ）、つまりそのコの「生活の質」をいかに良く保つかを考えていく必要があります。

人と同様、犬や猫の医療が進歩してきた今、病気が見付かった時、昔では考えられないような治療もできるようになってきました。大学病院に行けば、放射線治療や心臓病の手術、脳の腫瘍を切除する手術などもできます。

しかし、どこまでの手術や治療を行うのかは飼い主さんの判断に委ねられます。高度な手術や治療の場合、麻酔をかけて行うこともあるので、身体への負担も命の危険性もあります。犬や猫の性格によっては、飼い主さんと離れて入院治療になる場合、ストレスになることもあります。

そのコの性格や病状に応じてどこまでの治療をするか、治療によるメリットはどうなのか、デメリットはどの位あるかを天秤にかけて、治療を選んでいく必要がありま す。

また高度な医療を望む場合、それなりの費用もかかります。そこまでの医療費は出せないから、このコには申し訳ないけどここまでしかできません、と言われる方もいらっしゃいます。しかし、犬も猫も飼い主さんが選んだ治療をベストと考え、受け入れてくれていると私は思っています。

以前、こんなことがありました。

心臓病で治療をしていた高齢のポメラニアンのコが、末期状態になり、肺に水が溜まる肺水腫の状態になってしまいました。呼吸が苦しい状態だったので酸素室に入れて、できる限りの治療をしていました。治療に少しは反応するものの、状況はなかなか厳しい状態でした。治る見込みがなくて苦しそうな場合、動物には安楽死という選択肢もあります。その選択肢を飼い主さんに伝えなければならないかもしれないと思っていた時に、飼い主さんが安楽死を希望されました。どのような病気であれ、飼い主さんが安楽死という選択をする時、とても悩んで決断をしているのはわかりますし、そのコも頑張ってはいましたが苦しい状況も見ていたので、飼い主さんの希望に従いました。

しかし、こんなことも考えました。安楽死というのは飼い主さんが決断して行うことであって、果たして安楽死をさせられる犬や猫はどのような気持ちなのだろうか。本当は辛くても、飼い主さんと共にまだ一緒にいたいと思っているのではないだろうか。安楽死を行った翌日、ちょうどアニマルコミュニケーターの方と会う機会があったので、その疑問について話しました。するとその方は、ポメラニアンちゃんとつながって、次のような言葉を伝えてくれました。
「自分が苦しいよりも、ママたちが僕のお世話をして大変そうだし、僕のことで悩んだり、苦しんだり、辛そうにしているのを見ている方が辛いよ。これで良かったんだよ」。

色々な考え方があるので、アニマルコミュニケーションで伝えられることは本当なのだろうかと疑われる方もいるかと思いますが、犬も猫も飼い主さんの気持ちを感じ取り、飼い主さんの考えも大体は理解していると思っている私にとって、腑に落ちる言葉でした。そして私たちが愛犬や愛猫のことを想っているのと同じ位、愛犬や愛猫も飼い主さんのことを想っているのだと痛感しました。だからこそ、愛犬も愛猫も飼い主さんが選んだ治療であれば、どんな治療であれ、それを最善として受け入れてくれるのでしょう。

ココロの相談室

高齢になって病気が見付かり治療をしていると、大体はその先に訪れる死を意識していて、お別れまでの間にココロの準備ができていることが多いです。しかしながら突然のお別れが訪れることも度々あります。そんな時には、そのコの死を受け入れられない場合もよくあります。

なぜ、死んでしまったの、もっと早くに病院に連れて行けば良かった、自分がきちんと気付いてあげられなかったから、このコは死んでしまった。そんな風に自分を責めてしまうこともあります。

大切な小さな家族を失って「ペットロス」になることも珍しくはありません。ペットロスの苦しみは、動物を飼ったことがない人には理解できないため、周りの人にも告げられず、独りで悩み苦しむこともあります。

ペットロスに限らず、診察をしていると自分のコに病気が見付かり、不安になってしまう方も多く、そういう人のメンタルサポートも動物病院では必要だと開業時より感じていました。獣医師になる前に心理学を学んでいたので、そのような想いが私には強かったのかもしれません。しかしながら、病気の治療で忙しい中、しっかり飼い主さんのココロに寄り添い、支えにまでなることは難しく、モヤモヤとしていた中で、同じようなことを考えている心理カウンセラーの越野ゆかり先生と出会うことができました。

うちの病院では、飼い主さんのメンタルサポートとして「ココロの相談室」を設けて、気軽に相談ができるようにしています。飼い主さんから「ココロの相談室」で相談したいと言われることもありますし、飼い主さんの様子がこちらから見て気になるような場合には、「心理カウンセラーの先生とお話しすることもできますよ」とお伝えすることもあります。

越野先生には、飼い主さんのご要望があった時に病院に来てもらい、カウンセリングをしてもらっています。

ソファのある落ち着いた診察室の一つを、カウンセリングルームとして使用しています。先生とじっくりお話をすることで、心の平静を取り戻し、愛犬や愛猫の病気や死を前向きに受け止めることができるようになります。

こういった飼い主さんの心のケアに取り組んでいる病院はまだまだごくわずかのため、新聞社の取材を受けたこともあります。飼い主さんが幸せであることは、犬や猫の幸せにもつながるので、飼い主さんの身体だけでなく、心が幸せであることはとても大切だと私は思います。

ペットロスの症状とは?

診察していると、時々、この人はこのコが亡くなってしまったらペットロスになってしまうんじゃないか、と心配になるような飼い主さんに出会います。自分で思い当たるような人は、ペットロス対策の知識を事前に学んでおくことも大切です。

ペットロスとは、大切な愛犬・愛猫を亡くした悲しみが重症化して、精神的・身体的に起こる変化のことです。「ペットロス症候群」と呼ばれることもあります。

よく起こるペットロスの症状として、「疲労感、無気力、めまい」「食欲不振、過食」「不眠」「幻覚、幻聴、妄想」「突然、悲しくなり、涙が止まらなくなる」「外出できない」などがあげられます。

またペットロスになると、悲しみだけでなく、怒り、罪悪感、抑うつなど様々な感情変化に襲われることもあります。愛犬・愛猫の死に対して、自分が病気に早くに気付いてあげられなかったからだとか、しっかり世話をできなかったからだとか、自身に対しての怒りから自分を責めてしまうことも多いようです。

愛犬・愛猫が日々の生活の癒やしだったり、心の拠り所だったりした場合には、抑うつ状態がより深刻な状況になることもあります。心と身体はつながっているので、心のダメージが身体へのダメージとなり、頭痛や胃腸炎などの症状を発症することもあります。

前述したように、ペットロスの苦しみは周りの人には理解しがたいことも多いため、独りで抱え込んでしまいます。そして、いつまでも愛犬・愛猫の死に対して悲しみを引きずっている自分ではダメだと、本当は泣きたい気持ちでいっぱいなのに、我慢してしまうこともあります。しかし、悲しみを我慢することで一時的には感情を抑えられたかのように見えますが、我慢している感情は胸の奥にいつまでもあって、癒やされずに付きまといます。

愛犬・愛猫は家族と同じです。彼らと暮らす時間が以前よりも長くなった分、そのコの死への悲しみが大きくなっていくのも当然です。しっかり悲しむべき時に悲しむということも大切なことです。悲しい時には思いっきり泣くのも良いのです。

かく言う私もチェルを亡くした後、ペットロスになったことがあるので、ペットロスの苦しみは痛いほどよくわかります。

チェルは16歳の時に亡くなりました。高齢になり足腰が弱くなっていて、踏ん張ることが難しくなっていました。そのためオシッコを我慢しがちだったので、ある日、外から膀胱を圧迫してオシッコを出そうと試みた時に、膀胱が破裂してしまいました。休診日だったので急いで自分の病院に連れて行き、スタッフを呼んで麻酔をかけて膀胱の整復を試みましたが、麻酔から覚めてくることはありませんでした。

あの時、膀胱を圧迫しなければ。カテーテルを入れて尿を出してあげていればこんなことにはならなかったのに。自分のせいでチェルは死んでしまった。

突然の死。自分自身のミスのせいでチェルを苦しめてしまった。

涙はとめどなく出てきました。思い返せば返すほど、自分のせいで……。もっともっと、やってあげられたこともあったのに……。チェルのことを思い出しては、グルグルと同じことを考え、後悔ばかりが浮かんできます。

気付くと私はペットロスになっていました。

何とか仕事はしていたものの、チェルに似たような患者さんを見ると涙が出てきそうになっていました。

食事も喉を通らない日々でした。しばらくの間、自分がペットロスになっていることに気付いていなくて、苦しみもがいていました。もしかして、これがペットロスなのかも？　と思い、関連の本を読み、ようやく自分がペットロスになっていることに気付きました。

このままではいけないと、思い切って越野先生にお願いをして「ココロの相談室」でカウンセリングを受けました。実はこの時まで、誰にも自分の苦しみを伝えることができていませんでした。

すぐにペットロスから脱出できた訳ではありませんでしたが、自分の気持ちを正直に打ち明け、先生のカウンセリングを受けることで、大分、気持ちは楽になりました。

そして、時間の経過とともに、私はペットロスから回復することができました。私と同じような苦しみを患者さんには味わって欲しくないと思い、ペットロスになりそうな方には、なるべく事前に「ココロの相談室」のことをお伝えしたり、愛犬や愛猫が亡くなってしまった際には「困ったらお気軽にご相談くださいね」と伝えたりもします。

ペットロスにならないようにするには？

ペットロスにならないような幸せなお別れをするためには、前にもお伝えしたように、「今」を大切に過ごすことが大切ではないかと個人的には思います。これは愛犬、愛猫との関係だけでなく、自分自身の命についても当てはまることでしょう。命はいつまでも続く訳ではありません。明日、突然の出来事があって死ぬかもしれない。だからこそ、今日、今を、大切に過ごすことが重要なのではないかと思うのです。

また、しっかりとした「死生観」を持つことも大切だと思います。

死生観とは、生きること、そして死ぬことに対する考え方です。普段、普通に過ごしていると死について考えることは少ないと思います。海外では死生観は宗教の影響を受けることが多いと思いますが、日本人は無宗教の人も多いため、死生観と言ってもピンと来ない人の方が多いでしょう。身近な人が亡くなってしまったり、自分が大きな病気にかかった時などには、死について考えることもあるでしょう。また、大切なうちのコに大きな病気が見付かった時に、初めて死について考える人もいるでしょう。「死生観」を持つことで死と向き合い、残された時間をどう過ごすか、前向きに考えられるのではないかと思います。

個人の価値観が色々であるように、「死生観」も人それぞれであると思います。私には自分自身の経験や心理学で学んだこと、色々な本を読んで得た自分自身の「死生観」があります。

スピリチュアルな考え方ですが、私は、人というのは魂と肉体でできていて、私たちが生まれてくるのは全て魂の成長のためだと思っています。そして魂の成長のために、生まれる前にそれぞれが自分で決めてきた「ライフプラン（設計図）」があり、起きる出来事は決まっていると考えています。

それでは、人生は生まれる前から全てが決まり切っているのかというと、そういう訳ではありません。起きる出来事だけが決まっていて、その出来事に対してどう反応するかは個人の選択なので、結果までが決まっている訳ではないのです。起きる出来事の中には、病気も含まれていると私は考えています。病気になると、辛く苦しいことがほとんどですが、その中で様々な気付き、学びがあり、魂は成長すると思うのです。

そして、人生で出会う人も、魂の成長のために決めているのだと思います。そう、出会うべき人に出会い、成長をしていくのです。もちろん、大切な家族でもある犬や猫との出会いもそうです。ペットショップで一目惚れして購入する人も、道端で拾った人も偶然ではなく、出会うべくしてその犬や猫と出会い、家族になっていると思うのです。つまり、愛犬・愛猫とあなたはソウルメイトなのです。そしてそのコが病気になったとしても、その病気とどう向き合うのか、という学びであるような気がするのです。

そう考えると、愛犬や愛猫に病気が見付かった時、何が悪かったのかということを考えるよりも、そこから先、未来に向けて飼い主としてどうするかということを考え、行動していくことが大切なのではないかと思うのです。

病気のその先にいつかは来るお別れの時。それは彼らが傷付いた身体を脱ぎ捨て、自由な魂となり天国へ行く時なのだと思います。そして、最期の時まで、そのコは飼い主さんのことを想っています。

お別れの時も自分で決めて旅立っていきます。いつもは家族がバラバラで揃うことなど滅多にないのに、家族が全員揃った時に息を引き取った犬や猫たちをたくさん見てきました。逆にずっと仕事を休んで付き添っていたのに、たまたま少しだけ飼い主さんが出かけた時に旅立っていったコもいました。おそらく、最期の時を飼い主さんが見たら取り乱してしまうことがわかったのでしょう。そんな時を選んで旅立っていくコもいます。いずれにせよ、彼らは最期の最期まで飼い主さんのことを想い、飼い主さんにとってベストなタイミングで旅立っていくのだと私は思っています。

お別れは寂しいですが、身体は滅びても魂は永遠です。「今まで、ありがとうね」。そう言って旅立ちを見送ることができると良いなと思います。

虹の橋

私がわんにゃんワールドどうぶつ病院で働いていた時に、一緒に働いていた友人で、絵や詩がとても上手な人がいました。彼女も私と同様に獣医師だったのですが、彼女はわんにゃんワールドの犬や猫達の専属の獣医師でした。彼女はわんにゃんワールドにいた犬や猫をとても愛していて、彼らを主役にした絵を描き、詩もたくさん書いていました。その中に「虹の橋」というタイトルの詩とイラストがありました。私はこの詩がとても好きで、ことあるごとに読んでいました。

「虹の橋」は、原文が英語の作者不詳の詩で、次のような内容です。

天国への入り口に「虹の橋」と呼ばれるところがあります。緑あふれる草原や丘や谷があり、私達の大好きな動物達は、亡くなるとみんなその場所に向かいます。

そこにはおいしいごはんや水もあり、暖かい日差しがふり注いでいます。そして病気やケガもなく、みんな元気に若々しくなって幸せに暮らしています。

でも、たった一つだけ足りないものがあります。そこには、そのコ達を愛してくれた大切な人がいないのです。

大切なその人が天国に向かう時になって、ようやくふたりは会うことができます。離ればなれだったふたりは再び出会い、それからはずっと一緒にいます。そしてふたりは「虹の橋」を一緒に渡っていくのです。

この詩を教えてくれた私の友人は2020年、若くして天国へと旅立っていきました。

きっと彼女は虹の橋で、彼女と一緒に過ごしたコたちと出会っていると私は信じています。

大切な家族であるうちのコに出会い、共に過ごし、そして最期の時を迎えても、その先にまた虹の橋で、きっとあなたはそのコと出会うことができるのでしょう。

おわりに

「先生の病院で診てもらって本当に良かった。十分やるべきこともやったので後悔はありません。ありがとうございます」。

そう晴れやかな笑顔で飼い主さんは言われました。

わが子のように可愛がっていた愛犬に腫瘍が見付かり、大学病院での治療とうちの病院での抗ガン剤を使わないガン治療を行っていたご夫婦が、愛犬のお葬式が終わり、ご挨拶に来てくれました。

子犬の頃から、かかりつけ医として診察をさせていただいていたので、そのご夫婦がどれだけ、そのコのことを大切にしていたのかも知っていましたし、ガンが見付かった時、とても動揺されていたので、大切な愛犬との別れを迎えたらペットロスになってしまわないかと心配もしていましたが、そんな私の心配はいとも簡単に払拭されました。

大切な小さな家族の一生に関わってくるのが動物病院です。

小さな頃は予防注射や避妊・去勢手術位で、健康なコだったらそんなに動物病院に行くことは少ないかもしれません。しかし、普段からちょっとしたお手入れだったり、気になることがあれば動物病院に行き、獣医さんに診てもらったり相談をしたりすることは大切です。そして必ず迎える高齢期に向けて準備をしていくことは健康で長生きをするためにも必要です。

高齢になり、病気が見付かった時には、しっかりかかりつけの獣医さんと相談して、そのコにとってベストな治療ができるようにして欲しいと思います。もしかしたら、そのかかりつけの獣医さんのところでできないような治療であれば、その獣医さんに相談して、他の動物病院を紹介してもらうこともあるかもしれません。良い獣医さんは、自分のところでできない治療であれば、しっかりと紹介をしてくれると思います。

全てはあなたの小さな大切な家族のためです。

信頼のできるかかりつけの動物病院、そして獣医さんと出会うことで、あなたとあなたのかけがえのない小さな家族が幸せに過ごせるようにと心から願います。

最後に、多くの飼い主さんに伝えるための本を出版するという夢を実現してくださったダイヤモンド社の花岡則夫編集長、編集者の寺田文一さんに心から感謝いたします。

また「こうご動物病院」でかけがえのない小さな家族、そして飼い主さんのために共に頑張ってくれているスタッフ、専門家の先生方、そして私に不屈の精神を与えてくれた両親、どんな時でも私を支えてくれている夫、哲郎さんに感謝いたします。

２０２１年３月吉日

こうご動物病院　院長　向後　亜希

Staff

こうご動物病院スタッフ一同

向後 亜希（こうご・あき）
こうご動物病院院長、獣医師。

聖心女子大学心理学科を卒業後、獣医師を目指し酪農学園大学獣医学科に編入学、卒業。埼玉県や東京都内の動物病院勤務を経て、2007年東京・多摩市の「わんにゃんワールドどうぶつ病院」院長に就任。2009年同動物病院の閉鎖に伴い、多摩市に「こうご動物病院」を開業、現在に至る。西洋医学をベースに鍼灸治療や自然療法などを取り入れた統合医療を行っており、多摩市内はもとより遠方からも患者が集まる。

かけがえのない家族を守る
動物病院との最高の付き合い方

2021年3月30日　第1刷発行

著　者 ―――――― 向後亜希
発行所 ―――――― ダイヤモンド社
〒150-8409　東京都渋谷区神宮前6-12-17
https://www.diamond.co.jp/
電話／03-5778-7235（編集）　03-5778-7240（販売）
デザイン・DTP ―― 北路社
制作進行 ――――― ダイヤモンド・グラフィック社
編集協力 ――――― 古村龍也（クリーシー）
印　刷 ―――――― 堀内印刷所（本文）・加藤文明社（カバー）
製　本 ―――――― 川島製本所
編集担当 ――――― 花岡則夫、寺田文一

ISBN 978-4-478-11305-9